Nobel Prizes

in Physics

21世紀
諾貝爾物理獎
2001→2021

科學月刊社／著

目次
Contents

序

文｜曾耀寰

距離上一次《科學月刊》的諾貝爾獎套書，已匆匆七年，世人常戲稱七年之癢，我們科學月刊社總也得來點什麼。

《科學月刊》創刊超過五十年，上回諾貝爾獎套書集結2005年到2015年發布的諾貝爾獎物理、化學和生醫三獎，編成三本品質精良、設計優美的合籍。眾所皆知，諾貝爾獎是全世界科學的桂冠，由諾貝爾先生所創立，第一次頒發於1901年，每年歲末都會公布各獎項，《科學月刊》自1973年以來，也都定時邀請國內相關領域的專家學者，將第一手資料介紹給廣大讀者。自1992年，更以專輯形式，於每年12月出刊，長久逐漸累積的文章，足以定期專書的形式出刊。

《科學月刊》有經濟科學（Economical Sciences）的文章？這可能令一般人感到訝異，經濟不就是算算錢，怎有科學？算錢也不就是個數數，最多和數學相關，但若細思，經濟的功能，如科學一樣，深入人類的生活，而經濟活動的興衰與否，也和科學一般影響人類生活和生存，並且經濟不僅是算算錢，經濟學也是門科學，自1968年開始，也新增了諾貝爾經濟科學獎。

科學講究的是要有理論、要能解釋以往發生的事，並且要能預測將會發生的事，可以實質比較驗證。就這個標準，現在的經濟學已能作到，

例如2013年諾貝爾經濟科學獎發給了「因在資產價格走勢的實證研究上有卓越貢獻」的三位學者；其中一位是芝加哥大學的法瑪（Eugene F. Fama），其主要貢獻之一是「發展及完善了效率市場假說」。效率市場假說和實證研究都可以看出經濟學是一門科學。

以《科學月刊》多年累積的份量，這次由鷹出版將2001年至2021年的三個諾貝爾獎項，再加上諾貝爾經濟科學獎，以加倍（年份加倍）、超值（增加經濟獎）的內容，宴饗大眾，值得購買珍藏。

曾耀寰：科學月刊社理事長

導讀
從諾貝爾物理獎看物理學的走向

文｜林豐利

　　諾貝爾獎是學術界的桂冠，得獎者將進入史冊，得獎的工作通常是學術研究的里程碑，不只承繼先人的努力，往往也開啟往後的研究途徑。因此，頒獎的對象與研究題目也將反映出學術界的整體動向。接下來，我就以本世紀以來所頒發的諾貝爾物理獎來討論物理學的整體走向。

　　諾貝爾物理獎非常著重實驗或觀測的證據。所以儘管有些物理理論非常完美，但如果沒有實驗的驗證，是無法受到諾貝爾委員會青睞的。最有名的就是希格斯粒子的獲獎，是在理論提出來後約半個世紀才於2013年頒發給當年提出理論的人。而期間為了尋找希格斯粒子，實驗物理學家已努力了超過三十年。另一個有名的例子是重力波，早在愛因斯坦於1915年提出廣義相對論不久後就預測了重力波，但實驗驗證的困難重重，花了幾代人的心力，直到約一個世紀後的2015年才被觀測到，並於2017年頒發諾貝爾獎給長期推動實驗進展的物理學家。所以有一些物理理論雖然漂亮且重要，譬如超弦理論或者霍金輻射，因為在可預見的未來無法進行實驗驗證，是無法進入諾貝爾獎的殿堂。

　　簡單說明了實驗對諾貝爾物理獎的必要性，我們接著來討論物理獎可能頒發的領域分類。物理學的領域粗略可分為四大類。以從事的研究

人力多寡來排序,可分為(1)凝聚態領域;(2)粒子與核物理領域;(3)天文與宇宙學領域,以及(4)技術領域。凝聚態物理包含廣泛,從原分子物理、物態與相變、磁性物理、超導超流體、雷射,到比較年輕的領域如冷原子、新穎材料及量子元件與資訊。簡而言之,它是研究原分子層次的物理現象。相對地,粒子與核物理則主要研究次原子層次的物理,探尋物質的基本組成。至於天文與宇宙學則是基於對宇宙深處的觀測所得來研究巨大尺度的物理。當然,這些領域的劃分是粗略的。在理論的層次上,有些物理是統攝性的,譬如對稱性原理與相關的破缺理論,可以一體適用於凝聚態物理的相變,粒子物理中的希格斯機制,以及非常早期宇宙的暴漲機制。或者在行星演化的過程,原分子與核物理都將掌控主要機制。最近的例子就是2021年的物理獎頒給了研究複雜系統中無序理論的物理學家帕瑞希,他的理論可同時應用於凝聚態與粒子物理中的複雜現象。此次的物理獎也同時頒給其他兩位研究氣候變遷的學者。這是物理獎第一次頒發給複雜系統的研究領域,之前相關領域的頒獎則是1977年的諾貝爾化學獎頒給研究混沌的普里高津(Prigogine),這可以看作諾貝爾物理獎委員會肯定並嘗試開拓複雜系統的研究方向。

技術領域則是著眼於材料的創新。本世紀所頒發的三個技術領域相關的物理獎恰恰都與我們生活息息相關。它們分別是2000年的半導體集成電路(IC),2009年頒發的光纖與感光耦合元件(CCD),以及2014年的藍光二極體。如果沒有這幾項發明,我們將生活在完全不同的21世紀。

如果以投入與產出的相關性來說,物理獎頒發到每個領域的次數應該與該領域的從業學術人力成正比。為此,我統計了從1960年到1999年四十年間的頒發次數比例,凝聚態領域約45%,粒子與核物理領域約40%,天文與宇宙學領域約13%,技術領域約5%。因為有些年份頒發給

不同領域，所以加起來略超過100%。以比例來看，大致與人力規模相吻和。其中技術領域只有兩項，分別是1966年雷射技術的先導研究，以及1971年全像攝影。這兩個技術領域項目對於現代生活的影響微乎其微，完全無法與之前討論過的本世紀的三個技術獎項相比。

相對而言，本世紀目前為止的二十二個獎項的分配比例分別為，凝聚態領域約40%，粒子與核物理領域約23%，天文與宇宙學領域約27%，技術領域約14%。相比之下，最明顯的就是粒子與核物理的比例下降約一半，天文與宇宙學的比例則加倍。而技術領域的成長更是驚人的三倍且重要性大增。這樣的變化隱含著上世紀末到本世紀初這二、三十年間學術領域的消長與學術典範的轉移。

為何粒子與核物理領域會大幅下降呢？這個領域的主要目標是建立粒子物理的標準模型，並以加速器實驗來驗證。從上個世紀60年代開始發展，到90年代標準模型已幾乎發展完成。唯二的兩塊未完成的拼圖就是希格斯粒子與微中子帶質量矩陣。然而這兩塊拼圖陸續到位，因此在2002與2015年的物理獎頒發給發現微中子質量與震盪的實驗、2013年則頒發給發現希格斯粒子的實驗。此外，2004年頒給1976年發現的核力的漸進自由特徵，以及2008年頒給三位日裔物理學家對於強子與夸克物理的貢獻。這些獎項都更加鞏固標準模型。在經費的投入上，粒子與核物理領域以及天文與宇宙學領域是所謂的「大科學」，因為所需的實驗儀器，如粒子加速器、大型天文望遠鏡與重力波干涉儀，所需經費較一般的凝聚態實驗要龐大非常多，常需仰賴跨國研究計畫的支持。到此，雖然粒子物理還有一些超越標準模型的預測，但缺乏統一標的，也需要投入比目前實驗設備更多的經費，因此很難得到跨國政府一致性的支持。

相對於此，雖然廣義相對論是一個很完備的理論，但由於技術上的

巨大挑戰，天文學中有關黑洞或重力波的直接觀測在過去一個世紀中幾乎沒有大的進展，直到最近相關的實驗觀測才陸續到位。其中劃時代的突破是2015年開始運行的重力波雷射干涉儀（LIGO）。一開始運行就觀測到許多雙黑洞或中子星互繞併合所發出的重力波，開啟了黑洞與重力波天文學的新時代。之後不到五年，2020年的物理獎就頒給了約六十年前提出黑洞形成理論的潘洛斯（Penrose）與較近的近黑洞觀測研究。這也顯示諾貝爾物理獎委員會想要推動相關領域的意向。而在宇宙學方面，宇宙學家也嘗試建立宇宙學的標準模型，而這是2019年物理獎所頒發的主題之一，當年的另一個主題是系外行星。這個標準模型的內涵在1997年有了重大的變化，這主要是透過觀測宇宙哈伯紅移而發現宇宙加速膨脹的證據，該觀測團隊因此獲頒了2011年的物理獎。另外，於1992年升空的探測衛星（COBE），也因為對於早期宇宙背景輻射的精密測量而獲頒2006年的物理獎。此後二十年，新一代的衛星探測器WMAP與PLANCK的觀測結果更加鞏固了標準模型。儘管如此，哈伯常數的精密測定以及早期宇宙的重力波探測仍是未來宇宙學所要努力的目標，也希望藉此可以釐清宇宙加速的根源。這也是2019年物理獎的意涵之一。

　　至於新世紀凝聚態領域物理獎的獎項則反映出新舊交替的特徵。2001年的物理獎頒給了用冷原子系統來觀測波色─愛因斯坦凝聚現象。這象徵了新世紀新物態研究的濫觴。兩年後，2003年的物理獎則頒給刻劃傳統物態的經典理論的創建者，然而其中一位獲獎者雷格特（Leggett）同時也是最早研究拓樸序這種新物態的學者，所以這次的獎項有承先啟後的意味。幾年後，拓樸序研究隨著新的拓樸絕緣體與拓樸超導體的新浪潮而風起雲湧，進而促使將2016年的物理獎頒給早期拓樸序理論的奠基者，以為將來頒獎給拓樸序新一代弄潮兒做鋪墊。此外，新穎材料如

巨磁阻與石墨烯也分別於2007年與2010年獲獎。這些新的技術在未來量子電腦的發展上也許有所應用。量子電腦或量子通訊是未來技術發展的主要目標。而建構這些系統需要介觀，甚至巨觀的量子態。而拓樸序或者新穎材料正是提供這樣的量子態的可能物態或材料。至於如何操控這樣的量子態來進行量子運算，則是一件極具挑戰性的工作，這也是2012年的物理獎頒給對於量子元件操控有原創性貢獻的學者。當然，商用量子電腦的實現還有很長的路要走，也為未來物理獎的頒發埋下伏筆。最後，大部分的凝聚態實驗都離不開光訊號的操控與處理，而雷射光可以提供強大與穩定的光源，而新的雷射技術的發明也將有助於其他領域的創新。因此，2005年的物理獎頒給雷射領論與關鍵技術的奠基者，而2018年的物理獎則頒給雷射新創技術的發明人。

　　整體而言，諾貝爾物理獎的確可以反映出學術典範的轉移，由所頒發的獎項可知，最近二十年大科學的方向由粒子物理轉向新天文學與宇宙學，而凝聚態領域則由傳統物態轉向新物態。希望透過這些具有啟示性的變化，能夠幫助大家一窺下一代物理學的進展。

林豐利：台師大天文與重力中心主任

推薦文
關於諾貝爾獎二、三事

文｜寒波

　　每個領域都有自己的年度盛事，如電影界的奧斯卡、體育界的奧運，科學界最大的盛事是諾貝爾獎。每年10月諾貝爾委員會宣布各獎項的得獎者，隨著媒體傳播，大眾都很容易接觸到新聞。然而，諾貝爾獎所表揚的卻不是最新的科學進展。

　　奧運由選手們現場競技，當下最佳的參賽者勝出。奧斯卡獎根據前一年度的作品選出贏家，若是同期有多位高手頂尖對決，必定有遺珠之憾。諾貝爾獎則完全不同，它的選拔範圍是頒獎之前的所有人，極少數科學家如楊振寧、李政道，提出貢獻後未滿一年便迅速得獎，多數在十幾二十年後獲得認證，也有少數得主等待超過四十年。

　　科學界獎項很多，頒獎方式不一，不過最出名的諾貝爾，相當反映出科學研究的時間概念。競技領域由奧運代表，一剎那間便是永恆；電影週週有新片上映，再怎麼熱門的作品也會在幾個月後退潮，適合一年回顧一次。科學研究的影響，往往需要更長時段才能看出。

　　已經存在一百多年的諾貝爾獎，仍傳承著幾代人以前的智慧；現在的得獎者，某些貢獻早在幾十年前提出，經歷時間考驗後眾望所歸。另一方面，過往闇影的影響也延續至今，比方說用男女兩性來看，科學類

的得獎者幾乎都是男性，反映出過往教育、研究的偏向；假如女性投入科學研究的比例很低，那麼得獎者的女性比例當然很低。

經過一百多年，如今受到諾貝爾獎表彰的科學，是累積與經過實踐的科學。即使是橫空出世的新創見，問世當下大家都覺得「這個會得諾貝爾獎」，也要等待好幾年的檢驗。

例如CRISPR基因編輯，論文最初於2012年底發表，接下來幾年進展迅速，造福許多研究人員，公認得獎是時間問題，也要等到2020年才獲得諾貝爾化學獎，而這已是近幾年最快得獎的紀錄。對這點有概念，便不要意外mRNA疫苗技術為什麼沒有獲得2021年的諾貝爾獎。不論外界如何炒作與起哄，諾貝爾委員會行事自有一套規律。

另一點有趣的是，大家都知道CRISPR基因編輯會得獎，卻不知道它會得到哪個獎。科學類的三個獎：物理、化學、生理學或醫學獎，其領域有時候界線沒那麼分明。基因編輯乍看無疑屬於生理學或醫學獎的領域，實際應用CRISPR工作的也大多數是生物學家，可是它卻獲得化學獎。

狀況和CRISPR類似的，本世紀還有2017年的「低溫電子顯微術」、2015年的「DNA修補」、2014年的「奈米顯微鏡」、2012年的「細胞與感知」、2009年的「核糖體」、2008年的「綠色螢光蛋白」等等。這能說化學領域被生物學入侵嗎？我想更合適的視角是，隨著生命科學領域的突破，化學的視野也跟著拓展，生物體中觀察到許多有趣的化學現象，也有些探索生物的研究方法基於化學，超過以往生物化學的狹隘範圍。

本世紀不少生物學家獲頒化學獎，其實過去也發生過類似的事，一百多年來，獲得化學獎的物理學家並不稀奇。我想這反映出科學研究長期的變化：物理學曾是科學最突飛猛進的新疆域，如今則是生物學。

前文提及「橫空出世的新創見」，不過CRISPR基因編輯的概念並非

橫空出世。它源自精準改變DNA序列的需求，在此之前，至少還有鋅手指（Zinc finger）和類轉錄活化因子核酸酶（transcription activator-like effector nucleases，簡稱TALEN）兩款原理類似的技術，只是遠遠不如CRISPR便利。CRISPR與更早的綠色螢光蛋白一樣，滿足許多一線研究者的日常需要，因此獲得諾貝爾獎。這是值得諾貝爾獎表揚的一大類：廣泛應用的新技術。

另外像「低溫電子顯微術」，使用門檻不低，遠不如PCR、綠色螢光蛋白等技術普及，但是帶來重要的突破，應用價值很高，因此獲獎。最近解析冠狀病毒的立體結構時，便常運用此一方法。

還有一類最常見的得獎，算是彰顯某個領域的長期累積。例如生理學或醫學獎2021年「溫度和觸覺受器」、2020年「發現C肝病毒」、2019年「細胞感知和適應氧氣供應」等等，都算是對該領域成就的追認：肝炎病毒、感覺受器、感應氧氣和缺氧的研究幾十年來成果豐富，使得其先驅獲得榮耀。

回顧近年的諾貝爾獎，我們可以從中快速回溯近幾十年的科學史，哪些議題受到科學界重視，哪些項目被聰明的人類突破。這些資訊未必和我們切身相關，卻是當代社會重要的一環，對哪個議題有興趣，都可以繼續查詢。

瞭解諾貝爾獎包含哪些題材後，若是心有餘力，也不妨反面思考：諾貝爾獎沒有哪些東西？這能讓我們更全面認識科學，以及其背後的科學研究文化。

這也觸及到諾貝爾獎近來屢屢被質疑的問題。科學類諾貝爾獎得主，以地理劃分，大部分位於北美、少數歐洲國家和日本；以族裔區分，多數為白人；以性別區分，絕大部分是男性。諾貝爾獎評選看的是結果，

這反映出過往百年的科學研究，全人類只有少數群體參與較多；往積極面想，人類的聰明才智，仍有許多潛能可以挖掘。

促進科學擺在台灣的脈絡，最有意義的大概是鼓勵兩性平等參與（或是可以代入任何「性別」），具體來說，就是促進過往被壓抑的女生投入科學。台灣各界在這方面嘗試不少，有時候卻淪為形式上的鼓勵，相當可惜。

比起斤斤計較每場研討會的性別比例，更實際的或許是在日常生活中，鼓勵每一位女孩與男孩勇敢嘗試，不要輕易放棄。即使覺得遇到瓶頸，也不要覺得因為自己是女生，或是任何身分才不行。越高深的科學研究，能應付的人本來就越少。

即使是最出色的那一群科學家，也只有很少數人能得到諾貝爾獎。許多研究領域很難得到諾貝爾獎，卻一樣很有貢獻。連日清十六歲時，到臺北帝國大學熱帶醫學研究所工讀，後來成為世界級的蚊子專家。桃樂西亞・貝茲（Dorothea Bate）十九歲時在倫敦的自然史博物館，敲門懇求當打工仔，當時無人知曉，一位了不起的古生物學家就此誕生。

就算不是研究科學的讀者，閱讀諾貝爾獎的介紹，以及厲害科學家的故事，想必也能滿載而歸。

寒波：盲眼的尼安德塔石器匠部落主、泛科學專欄作者

極低溫的物理世界——
「玻色—愛因斯坦凝結」

文｜余怡德

2001年的諾貝爾物理桂冠頒給了康奈爾博士、凱特勒及魏曼教授。
表彰他們在「玻色—愛因斯坦凝結」現象，
以及玻色凝結體的研究領域上貢獻卓越。

康奈爾
Eric A. Cornell
美國
JILA 研究中心

凱特勒
Wolfgang Ketterle
美國
麻省理工學院

魏曼
Carl E. Wieman
美國
科羅拉多大學、JILA 研究中心

2001年的諾貝爾物理桂冠頒給了三位美國籍科學家：JILA研究中心的康奈爾博士、麻省理工學院物理系的凱特勒教授、科羅拉多大學物理系與JILA研究中心的魏曼教授。他們在「玻色—愛因斯坦凝結」（Bose-Einstein condensation）現象，以及玻色凝結體（Bose condensate）的研究領域有卓越貢獻。

「玻色—愛因斯坦凝結」是愛因斯坦九十多年前作的預測。他應用印度物理學家玻色（Bose）對光子的統計理論，預測理想氣體在極低溫下將發生的現象。玻色凝結體則是「玻色—愛因斯坦凝結」發生後的產物，是一種前所未有的物質新狀態，而「原子雷射」（atom laser）及「理想凝體」（ideal condensed matter）這兩個名稱貼切描述了玻色凝結體的特殊性質。

從1980年起就有物理學家嘗試以實驗驗證愛因斯坦的理論預測。但「玻色—愛因斯坦凝結」現象要在非常低的溫度下才會發生，而這麼低的溫度是阻礙實驗進展的因素。直到雷射冷卻與蒸發式冷卻的發展，足以讓我們達到前所未有的低溫時，「玻色—愛因斯坦凝結」的研究才現曙光。

1995年7月康奈爾和魏曼的研究群首次實現銣（Rb）原子蒸氣的「玻色—愛因斯坦凝結」現象。同年12月，凱特勒的研究群也實現了鈉原子蒸氣的相同現象。實現「玻色—愛因斯坦凝結」後的數年間，康奈爾、凱特勒、魏曼及許多物理學家以玻色凝結體為對象，進行了眾所矚目、有趣的實驗與理論探討，例如物質波（matter wave）的干涉現象、原子光學（atom optics）、玻色凝結體的集體激發（collective excitation）模式、超流性（superfluidity）、渦流（vortex）現象、約瑟夫森（Josephson）超導效應、分子的「玻色—愛因斯坦凝結」、超化學（superchemistry）、費希巴赫共振（Feshbach resonance）、光速減慢、光資訊的儲存等，玻

色凝結體的研究已成為物理領域的重要光環。

　　到底什麼是「玻色―愛因斯坦凝結」及玻色凝結體？實現「玻色―愛因斯坦凝結」所需的溫度有多低？雷射冷卻與蒸發式冷卻有何奧妙而成為實現「玻色―愛因斯坦凝結」的關鍵？「原子雷射」及「理想凝體」的名稱代表什麼樣的特殊物質性質？玻色凝結體會如何影響未來的物理發展與科技應用？且讓我們一起來探索這個極低溫的物理世界。

● 什麼是「玻色―愛因斯坦凝結」

　　要瞭解「玻色―愛因斯坦凝結」，必須先說明統計力學和量子力學的一些基本觀念。早在20世紀初，物理學家發現微小粒子如電子、質子或中子等有自旋（spin）的特性，較大粒子如原子或分子的自旋則由其內部分子所組成。我們可以把電子帶有自旋且繞著原子核的運動想像成地球會自轉且繞著太陽運動，電子的自旋就好比地球的自轉，且相似於自轉的情形，自旋也是有角動量的。依自旋角動量的差別可分為費米子（fermion）和玻色子（boson）。自旋角動量為基本單位之半整數（即1/2、3/2、5/2、……）的粒子是費米子；整數（即0、1、2、……）的粒子是玻色子。電子、質子或中子皆是費米子，一個電子加上一個質子所構成的氫原子則是玻色子。其他的原子亦依此原則可區分為玻色子和費米子，例如鈉、銣和鈣原子是玻色子，鈹和氦原子是費米子。費米子須遵守「包立不相容原理」：沒有兩個粒子可以同時處在相同的能量狀態上；玻色子則無此限制。玻色子和費米子遵守不同的統計定律，只有玻色子才會發生「玻色―愛因斯坦凝結」的現象。

　　「玻色―愛因斯坦凝結」是一種相變現象，所謂相變是指物質狀態的驟然改變。舉例來說，水蒸氣於攝氏100度時會液化，水分子間距離的

驟然縮短就是液化的相變現象。那麼「玻色—愛因斯坦凝結」是何種狀態的驟然改變呢？愛因斯坦做了如下的預測：一群玻色子組成的系統中，玻色子的運動速度快慢代表能量狀態的高低。能量有個最低的極限，最低能量的狀態稱為基態，而基態所對應的能量大小取決於這群玻色子周遭的位能環境。室溫時，粒子的運動速度快，速度快即代表能量高，沒有玻色子的狀態是基態。當溫度下降時，粒子的運動速度跟著減緩，但基態的玻色子數目仍然非常稀少。持續降到某一臨界溫度，基態的玻色子數目會驟然增加，再稍微降溫會使所有玻色子皆聚集在基態上。綜言之，高於臨界溫度，幾乎所有的玻色子皆不是基態，一旦到達臨界溫度，大多數的玻色子皆成為基態，這種基態玻色子數目於臨界溫度時的驟然增加即為「玻色—愛因斯坦凝結」相變。而基態的玻色子群稱作玻色凝結體，玻色凝結體中各個玻色子的行為一致，就如同整群玻色子變成單一的個體。

　　玻色子驟然聚集到基態上的「玻色—愛因斯坦凝結」相變，其發生的機制和我們熟知的氣體變液體，或者液體變固體的凝結相變並不相同。在一般固體或液體的凝結中，粒子之間是因彼此的吸引力而聚集鍵結，但「玻色—愛因斯坦凝結」相變，卻不需依靠粒子間的吸引力，也無鍵結，完全是玻色子的統計物理特性。

● 「玻色—愛因斯坦凝結」的臨界溫度

　　一群玻色子組成的系統是否能達到「玻色—愛因斯坦凝結」相變，取決於粒子的物質波波長是否大於粒子間的平均距離。我們先解釋物質波的概念，之後提及的「原子雷射」也與其相關。物質波是粒子的波動性質，其概念類似傳統上我們認知的聲波、水波、電磁波等。傳統的波有相位

與振幅的觀念，且可造成干涉及繞射現象；同樣地，物質波也有相位與振幅的觀念，物質波也能干涉及繞射。依據量子力學的理論，物質波的波長λ和粒子的動量（質量與速度之乘積）p有如下的關係：

$$\lambda = h/p \cdots\cdots\cdots(1)$$

其中 h 是蒲朗克常數，其大小為 6.6×10^{-34} 焦耳／秒。當一群原子的溫度逐漸變低時，速度和動量也跟著降低。由公式（1）可看出，這些原子的物質波波長會隨著動量的降低而更顯著，換言之，在低溫時原子的波動行為明顯。以鹼金族中的鈉原子為例，在室溫 300K 時[1]，鈉原子的物質波波長僅為 0.04 奈米（奈米等於 10^{-9} 公尺），其波動性不明顯而展示粒子行為，但在 0.0003K 時，其物質波波長為 40 奈米，鈉原子的行為就是一種波動。科學家已能利用物質波的特性發展成應用儀器，譬如電子顯微鏡，就是應用電子的物質波特性，由於電子的物質波波長可短於病毒的大小，藉由電子物質波可觀察病毒或類似尺寸的微小組織。至於一般光學顯微鏡則因為光的波長太長，約在 400 至 700 奈米間，而無法鑑別像病毒一般大小的結構。

溫度變低時，粒子的運動速度變慢，動量跟著變小，物質波波長就增大。更精確來說，物質波波長反比於溫度的平方根。將系統的溫度降至非常低，使得玻色子的物質波波長大於粒子間的平均距離時，「玻色—愛因斯坦凝結」方可發生。實際的實驗中，原子間的距離不能太近，其最小極限約為 100～200 奈米間。若原子間的距離短於此極限，彼此的吸

1　這裡用的溫度單位為凱式溫標 K，它與攝氏溫標的關係為：0K = -273.15℃ 且 1K 的改變相同於攝氏 1 度的改變；而 0K 是絕對無法達到的溫度極限，我們只能儘量接近 0K。

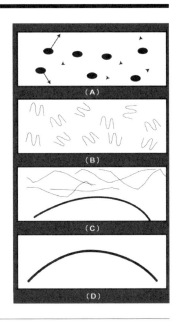

圖一 （A）常溫下，原子的粒子性質較明顯。（B）低溫下，原子的波動性質顯著，溫度越低，物質波波長越長。（C）溫度降至臨界溫度，「玻色—愛因斯坦凝結」形成，大量的原子驟然成為基態，這些基態的原子成為玻色凝結體，玻色凝結體的行為可用波長非常長的單一物質波描述。（D）溫度稍低於臨界溫度，整個原子群成為單一的玻色凝結體。

引力將造成原子蒸氣的液化凝結，一旦形成液體，「玻色—愛因斯坦凝結」就不會發生。以銣原子的蒸氣為例，若其密度為每立方公分含 10^{14} 個原子，則原子間的平均距離約 200 奈米，須將溫度降到 $4 \times 10^{-7}K$，才可觀測到「玻色—愛因斯坦凝結」。這麼低的臨界溫度使得早在七十多年前的預測，要到 1995 年才首度被物理學家證實。圖一為一群原子形成「玻色—愛因斯坦凝結」的示意圖：原子在低溫時，波動性質開始顯著；達到臨界溫度後，大部分的原子突然轉變為最低能量狀態，形成「玻色—愛因斯坦凝結」；基態原子的波動行為一致，玻色凝結體可藉由單一的物質波來描述；物質波的波長非常長，代表玻色凝結體的能量非常低；物質波的振幅大，代表玻色凝結體的組成原子數目多。

◉ 實現「玻色─愛因斯坦凝結」的關鍵技術

實現「玻色─愛因斯坦凝結」的關鍵技術是雷射冷卻（laser cooling）及蒸發式冷卻（evaporative cooling）。相較於傳統的低溫技術，雷射冷卻及蒸發式冷卻的方法不需要液態氮，也不需要液態氦，實驗設備與系統皆為室溫，且降溫過程非常迅速。利用傳統低溫技術的氦三─氦四稀釋致冷機（^{3}He-^{4}He dilution refrigerator），將樣本從室溫冷卻至0.01K要經過一天的時間。而雷射冷卻加上蒸發式冷卻的降溫過程僅需一分鐘左右，不但效率高，更重要的是它可以達到前所未有的低溫。這裡簡單地介紹這二種冷卻方法的基本原理。

雷射冷卻的基本概念是讓原子吸收能量較低的光子，再釋放出能量較高的光子，遵守能量守恆定理，原子的動能必須降低，冷卻的效果自然達成。實驗上，空間中的x、y、z三個軸向，分別用兩道反向行進的雷射光射向原子，不論原子朝空間中哪個方向運動，都會受到雷射光產生的阻力。原子不斷吸收及釋放光子的循環就是這阻力的成因，阻力減慢了原子的運動速度，即為降低動能，原子的溫度也跟著下降。由於六道雷射光的交會區會使原子像是處在摩擦力很大的環境中，這區域有如糖蜜般黏滯，因此這冷卻方法也叫做「光學糖蜜」（optical molasses）。光學糖蜜只把原子減速，並沒有把原子抓住，因此原子仍會跑掉。在六道雷射光的結構下加上磁場，其合成效應成為一個位能阱，稱作「磁光陷阱」（magneto-optical trap）（圖二）。「磁光陷阱」可同時冷卻並捕捉原子，方式就像是將彈珠丟入碗中，碗面的摩擦力使得彈珠的速度減緩，而碗的形狀是位能阱；彈珠一開始會不停在碗中滾動，但滾動速度漸漸減緩，在碗中的範圍也越來越小，彈珠最後耗盡全部的動能，而停止在碗的中

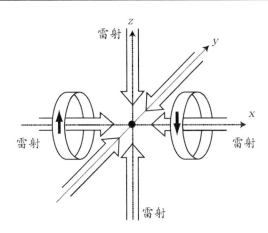

圖二 磁光陷阱示意圖。空間的三個方向各有兩道相向的雷射光，兩個圓環代表螺線管型電磁鐵，其箭頭指示電流的方向。中央的實心圓代表被捕捉的低溫原子。

心。原子好比彈珠，「磁光陷阱」就像碗的作用。一般而言，「磁光陷阱」捕捉到的低溫原子個數在 $10^7\sim10^9$ 之間。

　　溫度的量測是依照原子的速度分布推論，實施方式是關掉所有的雷射及磁場，讓原子團作自由擴散，一段固定時間後，我們擷取原子團的瞬間影像。在此固定時間裡，速度越快的原子向外擴散得越遠，速度較慢的原子則在原子團的質心附近，因此影像上原子團的空間分布也代表原子團的速度分布。原子團的溫度高低決定影像圖上擴散範圍的大小，由這張影像圖便可得知原子團的溫度。圖三（A）為低溫原子團在自由擴散 0.01 秒後的瞬間影像，影像所對應的實際高乘寬為 17 公釐 ×22 公釐；圖三（B）是相同的原子團在自由擴散 0.03 秒後的瞬間影像，原子團明顯擴散到較大的範圍；這兩組實驗數據都一致推論出原子的溫度為 10^{-5}K。

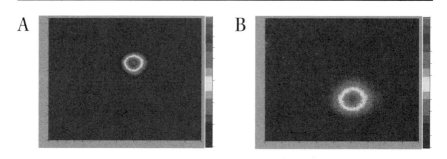

圖三 溫度為 10^{-5}K原子團在自由擴散後的瞬間影像。垂直方向的實際尺寸為17公釐，水平方向的實際尺寸為22公釐。（A）和（B）的擴散時間分別為0.01和0.03秒，二張影像中原子團質心位置的改變是受到重力加速度的緣故。

室溫原子的速度接近音速，在0.03秒的時間內已跑了約10公尺的距離。

　　雷射冷卻法有降溫的下限，約為 10^{-5}K。將原子以雷射冷卻法預冷與捕捉後，進一步的降溫則需蒸發式冷卻法。蒸發式冷卻無降溫的下限，因此所有實現「玻色—愛因斯坦凝結」實驗的最後降溫步驟皆使用這個方法。蒸發式冷卻的概念類似日常生活中一杯熱水的冷卻過程，當能量較高的水分子蒸發脫離水的表面後，剩下能量較低的水分子重新達成熱平衡，整杯水的溫度也就跟著下降。在實際的實驗中，關閉所有雷射光後，將低溫原子局限在一個完全由磁場構成的位能陷阱內，逐步降低陷阱的高度，使得能量較高的原子脫離陷阱的束縛，陷阱內僅留住能量較低的原子，剩下的原子重新達到熱平衡後，溫度也就跟著下降，這是犧牲原子數目達到降溫的方法。一般而言，陷阱高度所對應的能量與原子溫度所對應的能量（即波茲曼常數乘以溫度）之比值約10：1，當位能陷阱夠低時，「玻色—愛因斯坦凝結」的臨界溫度即可達到。

　　JILA的康奈爾和魏曼研究群最早觀察到「玻色—愛因斯坦凝結」的實驗數據顯示於圖四，三組數據為不同溫度的銣原子團在自由擴散0.06秒後的瞬間影像。左、中、右影像圖分別對應原子的溫度略高、相等、略低於臨界溫度。圖中的高度及顏色皆代表原子訊號的強弱，高度越高代表訊號越強，每張影像所對應的實際長乘寬皆為0.5公釐×0.2公釐。中間影像圖的高峰驟現說明了基態原子數目於臨界溫度時的驟然增加，比臨界溫度略高的左圖沒有這個高峰。中圖的高峰在前後方向和左右方向之形狀不對稱，是另一個高峰即為基態原子的證據，這不對稱反映了基態原子的行為。而左圖的原子訊號全部是對稱分布。比臨界溫度略低的右圖顯示幾乎所有的原子皆成為基態，整個原子訊號集中於形狀不對稱的高峰。

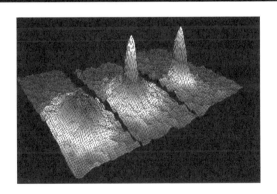

圖四　實現「玻色—愛因斯坦凝結」的實驗數據。原子團在自由擴散0.06秒後的三張瞬間影像，左、中、右影像圖分別對應原子的溫度略高、相等、略低於臨界溫度。圖中的高度及顏色皆代表原子訊號的強弱，高度越高則訊號越強。每張影像前後方向的實際尺寸為0.5公釐，左右方向的實際尺寸為0.2公釐。（JILA研究中心的康奈爾博士提供）

◐「原子雷射」及「理想凝體」

　　什麼是「原子雷射」？要回答這個問題，我們先簡述雷射的特性。雷射光具有波動的性質，且其光波有固定的頻率、相位及行進方向，而雷射和一般光源最大不同就在於「同調性」（coherence）。若一光源發出的光在空間中某個範圍內的任何兩點，都可以找到固定的相位關係，這光源就具有同調性，這個範圍的大小，決定此光源同調性的好壞，範圍越大，代表同調性越高。雷射是一種同調性非常高的光源，可用在干涉及繞射實驗的進行，一般光源則幾乎無法作到干涉及繞射的現象。而「原子雷射」並不是一般認知的光學雷射，它是由原子的物質波所構成，而非由光組成，且其物質波具有很好的同調性，因此利用「雷射」這名詞來描述物質波有如光學雷射般的特性。簡言之，「原子雷射」就是高同調性的物質波。

　　「原子雷射」的名詞是實現「玻色—愛因斯坦凝結」後才被創造的。低溫的原子波動性質顯著，當達到「玻色—愛因斯坦凝結」的臨界溫度時，大量的原子轉變為基態，這些基態的原子能量狀態相同且波動行為一致，整個玻色凝結體就是單一的物質波。實驗上也觀察到玻色凝結體所造成的物質波干涉現象：先將玻色凝結體分為二並相隔一段距離，這是兩個物質波波源，當它們自由擴散後，二者重疊的區域顯現原子密度分布有干涉現象。圖五為麻省理工學院凱特勒研究群的實驗數據，兩個鈉原子玻色凝結體擴散0.04秒後的瞬間影像，灰階的深淺代表原子密度的高低，圖中深淺相間的條紋是物質波干涉的證據。這說明了玻色凝結體的物質波具有高同調性，所以玻色凝結體也被稱為「原子雷射」。以同調性的觀點來看，玻色凝結體和低溫原子之間的差別就好像是光學雷射和普通光源之間的差別，玻色凝結體之物質波具有高度的同調性，而低

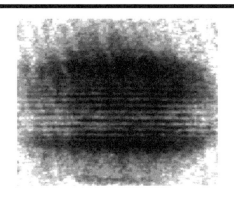

圖四 　兩個玻色凝結體擴散0.04秒後所產生的干涉明暗紋。垂直方向的實際大小為0.5公釐，水平方向的實際大小為1.1公釐，灰階在垂直方向的深淺相間即是物質波的干涉條紋。（麻省理工學院凱特勒教授提供）

溫原子雖然其物質波也非常顯著，但卻沒有很好的同調性。

　　用「理想凝體」描述玻色凝結體，類似於用「理想氣體」描述原子或分子間無交互作用的氣體。我們可以用簡單的波以耳定律來說明「理想氣體」的壓力、體積和溫度間的關係，是因為原子或分子間無交互作用。一般的氣體是非理想氣體，其壓力、體積和溫度間的關係並不符合波以耳定律，原子或分子間的交互作用讓這關係複雜許多。「理想凝體」和一般凝體間也有類似的對比。一般凝體的組成原子或分子間之距離小於1奈米，彼此交互作用非常強。玻色凝結體展現凝體的特性，其激發行為類似凝體的聲子（phonon），也有超流和渦流等凝體的量子現象，但玻色凝結體的組成原子間之距離大於100奈米，彼此交互作用非常微弱，所以可稱為「理想凝體」。因為組成原子間交互作用微弱的緣故，玻色凝結體是非常單純的凝體系統，也是凝體理論的理想對象。理論的發展偏好以

單純的系統為起始對象,當我們可準確預測單純系統的結果,則理論可進一步修正與推廣,加入更多變數,用來解釋複雜系統的現象。這也是「玻色—愛因斯坦凝結」實現後,許多凝體理論學家以玻色凝結體為研究對象的原因。有別於一般凝體組成分子間的強交互作用,玻色凝結體組成原子間的微弱交互作用能以簡單計算或公式來描述,玻色凝結體的實驗結果與理論的預測也有很好的吻合。

● 結語

「玻色—愛因斯坦凝結」的實現驗證了愛因斯坦於九十多年前的預測,創造出前所未有的物質新狀態——玻色凝結體,也開啟嶄新的研究領域。玻色凝結體的「原子雷射」特性在於其物質波具有高同調性,這特質使玻色凝結體在精密量測的應用上有可觀的潛力。利用玻色凝結體做出的「原子雷射」干涉儀(interferometer),將可用於光學雷射干涉儀所無法達成的精密量測,不少的知名實驗室已從事「原子雷射」的應用發展工作。玻色凝結體的「理想凝體」特性在於組成原子間的交互作用微弱,可用如理想氣體般的簡單方法來描述,這特質使其成為凝體理論的理想研究對象,玻色凝結體的凝體理論有助於我們瞭解複雜系統的巨觀量子現象。玻色凝結體的發展或許不限於基礎科學研究,畢竟這是前所未有的新產物,當我們更瞭解其各方面的性質後,或許它將有更廣的應用及對科技更深遠的影響,光學雷射這種前所未有的光源,不也是經數十年的基礎研究而有廣泛的應用嗎?

余怡德:清華大學物理系

2002

扭轉世界的宇宙觀

文｜倪簡白

2002年諾貝爾物理獎頒給三位對天文物理有卓越貢獻的科學家：
美國賓州大學物理教授戴維斯、東京大學的小柴昌俊教授
以及前太空望遠鏡科學研究中心主任賈可尼，
表彰他們利用宇宙中最小的分子（微中子及X光量子）
研究宇宙中最大的成分，改變我們對宇宙的看法。

戴維斯
Raymond Davis
美國
賓州大學

小柴昌俊
Masatoshi Koshiba
日本
東京大學

賈可尼
Riccardo Giacconi
美國
前太空望遠鏡科學研究中心

2002年諾貝爾物理獎，頒給三位對天文物理有卓越貢獻的科學家：八十七歲的美國賓州大學物理教授戴維斯、七十六歲東京大學教授小柴昌俊，以及七十一歲的前太空望遠鏡科學研究中心主任賈可尼。前兩位是因為在微中子天文學的貢獻，後者則是因為 X 光天文學的貢獻而獲獎。瑞典皇家科學院提到他們得獎的原因是：「獲獎人利用宇宙中最小的成分（即微中子及 X 光量子），使我們瞭解太陽、星球、銀河及超新星等宇宙中最大的成分，並改變了我們對宇宙的看法。」就如這一段話所說的，微中子（neutrino）及 X 光都是自然界不可捉摸的微小物。現在由於這三位及他們共事者的工作，經由實驗得到重大突破，使我們發現源於太空深處的微中子及 X 光發射的祕密。

◉ 微中子天文學

微中子是一種基本粒子，它的發現可追溯到1930年代。當時核子放射性才剛被發現不久，人們注意到：一些物質的 β 衰變中有能量不守恆的情況：

$$^{14}C \rightarrow {}^{14}N + e^- + \bar{\nu} \quad\cdots\cdots\cdots\cdots (1)$$

如果僅考慮正電子及氮原子，則實驗測得的總能量無法守恆（式1）。當時大科學家包立（Wolfgang Pauli）預測有一看不到的中性粒子伴隨 β 衰變的電子產生，帶走了一部分動能。根據包立及費米後來的理論，微中子幾乎無質量，以光速進行，可穿越任何物質。微中子即微小的中子（因為當時已知中子 neutron 的存在），並以符號 ν 表之。我們現在已知的微中子有三種，分屬電子（e）、渺子（ν）與濤子（τ），還有它們的反粒

子（$\bar{\nu}$）。由於它難以與任何物質作用的性質，因此實驗觀測微中子十分困難。這情況一直到1956年由美國科學家柯旺（C. Cowan）及萊茵斯（F. Reines）利用原子爐產生大量微中子，才毫無疑義地測到微中子。柯旺及萊茵斯是利用下列核反應：

$$p + \bar{\nu} \rightarrow n + e^+ \quad\cdots\cdots\cdots\cdots (2)$$

所以他們測到的是反微中子。在反應爐中估計每秒每平方公分有4×10^{16}個$\bar{\nu}$粒子產生，但被測到的粒子少之又少（每小時三顆）。這顯示微中子探測技術的困難。即使三十年後小柴在日本神岡的實驗，所產生的信號數仍然是如此之少，以至於須花費極大的財力與人力來進行。

◎ 戴維斯的開創

戴維斯原來學物理化學（1944年耶魯大學博士）。1948年在美國布魯克海文國家實驗室（Brookhaven National Lab.）工作時，開始對微中子感到興趣，按核反應理論，太陽進行核能反應時產生大量微中子。每秒射到地球的微中子每一平方公分有一百億個。它們穿過地球（因為沒有任何物質擋得住它）再射向漫無邊際的宇宙，要探測它只有靠類似式2之類的反應，但發生機率很低。戴維斯計畫利用微中子撞到氯原子（核）將氯轉換成氬原子之反應：

$$\nu_e + {}^{37}Cl \rightarrow e^- + {}^{37}Ar \quad\cdots\cdots\cdots\cdots (3)$$

當然機率一樣是低的驚人。

圖一 戴維斯在美國南達科他州一處地下礦床
測量太陽微中子,攝於1967年。(布魯克海文
國家實驗室網站提供)

　　戴維斯於1967年開始進行實驗測量太陽微中子。他使用10萬加侖
(約600噸)的四氯乙烯來進行式3之反應。自然界的氯原子量為35,但
平均有25%之氯原子為同位素氯37,若被微中子撞到會產生同位素氬37
(正常氬原子量40),平均每個月在10萬加侖中,只會有十個氬原子產生。
這實驗在美國南達科他州一地下礦床中進行(圖一)。

　　這每個月十個原子雖然少,但它的輻射的確是可以測到的。實驗要
求每兩個月用氦氣沖入氯容器,設法將氬原子帶出來,而戴維斯本人對
自己的實驗非常有信心。在實驗初期,他就發現微中子數目只有理論的
十分之一,後來此實驗一直進行了二十七年(1967~1994)。累積的數據
顯示戴維斯測到的微中子是理論的四分之一。因為我們相信太陽核反應
理論是正確的,所以剩下的問題是:微中子究竟到哪裡去了?目前的說
法是太陽射出的電子類微中子 ν_e(微中子共有三種,ν_e、ν_μ、ν_τ)會轉變

成其他種類微中子（ν_μ 及 ν_τ），但後二者並不與 ^{37}Cl 反應。而變身的微中子也成為當今實驗與理論物理的熱門話題。

但毫無疑問地，戴維斯的精確測量及長達二十七年的艱難實驗，已改變我們對宇宙及自然的一些看法。四十年前戴維斯開始在美國西北部荒涼小鎮的礦坑下辛苦工作。1969年開始，他逐漸將實驗結果公諸於世，引起許多懷疑與問題，尤其實驗內容是要在600噸的四氯乙烯內測量二十顆原子時，更是難以說服別人。但戴維斯的堅忍不拔終於將此奧祕揭露出來。

○ 小柴昌俊繼起

大約二十年前，戴維斯的實驗結果已逐漸被世人接受，此時在日本由東京大學的小柴昌俊教授，開始進行另一項艱鉅的實驗來確定微中子的探測。他們這次是使用置於日本崎阜縣神岡礦山下一千公尺礦坑內600噸的純水。這是日本斥資興建的巨型實驗，花費達一億美元。1990年，這座巨型純水桶又從600噸變成5萬噸，並改名為超神岡實驗（圖二）。他們在此純水桶的牆上布滿大型光電管，數目達一萬三千隻，就像千眼觀音那樣捕捉微中子所產生的幾顆光子。因為水含有氫原子也就是質子，所以藉由式2的反應產生電子，而這些高速的電子在水中行進時會發生一種名為契倫可夫（Cerenkov radiation）的藍光輻射。由於式2的反應機率低，所以必須用大量的質子，也就是水來幫助偵測，但光是製造純淨的水就要花費許多功夫。

超神岡實驗的目標之一是探測微中子的轉變，我們可比較當地球面對太陽及背對太陽（此時微中子穿越地球由底部射入水桶中）兩種事件。當晚上地球背對太陽時，微中子多走了一個地球直徑的距離，也就是多

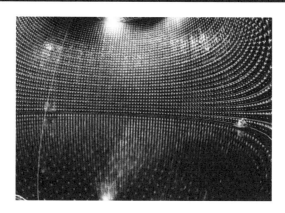

圖二　超神岡實驗使用5萬噸的純水，牆上布滿數目達一萬三千隻的大型光電管；本圖顯示當水只充滿一半時的情況。（超神岡網站提供）

了一點時間讓它可以轉換身分。在1996至1998年的兩年實驗中（535工作日），上面來的微中子有256個，而下面來的只有139個，並不違背此一微中子變身的理論，它甚至定量地決定此一轉換率。

　　此實驗在1987年有進一步的突破。當年在南方天空有一超新星爆炸（supernova 1987A），位於南半球的天文台都記錄到此一重要事件，即使十多年後的今日，大望遠鏡仍可測到它爆炸後的殘餘物質。但1987年的那一晚，神岡偵測器記錄到十一個微中子事件。它立即揭示天文物理的另一重要訊息，即超新星爆炸時會產生微中子，此一事件開啟了微中子天文學的新頁，而神岡實驗顯示星球爆炸所產生的微中子數目為理論值的二分之一。

　　1990年超神岡實驗開始，有十餘國共一百多科學家參與。當時對微中子之變化及微中子質量，首次提出了具體數據。由於測到微中子可從

一種變到另一種，在理論上它與微中子具有質量的這一事實有關。這牽涉到宇宙中的黑暗物質及宇宙結構問題，對我們瞭解宇宙的發生及演化有重要的意義。

小柴教授1951從東京大學畢業後，留學美國羅徹斯特大學並於1955年獲得博士學位。之後回到東大擔任核物理教授，直到1987年退休，隨後到私立東海大學任教，目前仍在東京負責基本粒子研究。所以神岡的實驗開始時，他實際上已自東大退休了。小柴教授公開承認他在東大的功課欠佳，但他相信成績好壞對一人後來的發展並無直接關係。

◉ 賈可尼與X光天文學

賈可尼在義大利米蘭大學獲得物理博士學位，論文與宇宙射線有關。1959年，他在美國從事X光天文學研究，因為X光會被大氣吸收，所以這些工作必須在火箭或人造衛星上進行。1962年在ASE（American Science and Engineering）公司，賈可尼使用火箭儀器首先測到天蠍座的X光源（簡稱SCOX-1），這是第一台X光影像儀器，他利用衛星自由號（Uhuru）上的X光儀器，測到339個天體X光源。這些來源多半是雙星系統，稱為X光雙星（X-ray binary）。1978年，他負責發射航太總署愛因斯坦衛星（HEAO-2），使之成為當時天空最靈敏的X光影像儀，這儀器使X光波長範圍內的解像能力提高了幾百倍。1971年他任職哈佛大學天文物理中心，1984至1993年期間，賈可尼受聘擔任哈柏望遠鏡科研中心主任。此後他的工作主要是指導性質，例如擔任過南歐天文中心主任，負責籌建在智利的大型天文台等。

高能天文物理可說是賈可尼一手打造（將X光天文學建立成一新領域）。在1960年前，我們所知道天空唯一的X射源是太陽，接下來二十年

太空儀器的持續觀測，使我們瞭解下列的發現：

（一）地球、行星、彗星與太陽的X射線光譜與機制。

（二）X光雙星系統：一雙星其中一為中子星或黑洞。

（三）X光暫星（X-ray transient）：有些星體發射X光但幾天後又消失，
　　　然後又發射。

（四）活躍星系：例如1054AD（中國超新星）蟹形星雲的X光發射。

　　賈可尼的貢獻和物理上許多重要發現一樣，是由新穎的實驗突破所帶動的。在天文學上以可見光為主的觀測，不外乎是以透鏡或反射鏡等光學裝置來聚焦與解析影像，當前的天文研究自然也就把突破的方向放在建造更大的鏡面裝置。

　　但X光不同，它可穿透物質，因此無法用一般鏡面裝置及傳統的光學系統來聚焦。要解析或聚焦X光是用擦射反射原理（grazing incidence），即當光線以小角度入射一平面時，它大部分會被反射，再經適當設計就可聚進光源。X光射線聚焦系統就是由無數的反射面組成的這種擦掠式光學系統（圖三）。X光聚焦及顯像系統使我們可以像光學望遠鏡那樣定出天體位置。HEAO-2衛星儀器所帶來的解析力，比起先前的任何X光天文望遠鏡高了好幾千倍。

　　賈可尼得獎後在自述中談到：X光雙星是他在X光天文學上最主要的貢獻。這一類天體系統是當一顆星球被捲入另一中子星或黑洞等物體時，在旋轉過程中發射X光。目前已成為觀察黑洞的證據之一，愛因斯坦衛星可能首次提供了這方面的線索。

　　X光天文學目前仍是活躍的天文學領域，包括日本、美國、歐洲都發

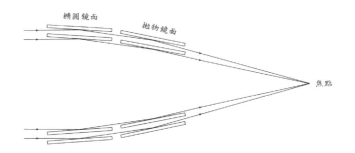

圖三　X光聚焦是用擦射反射原理，即當光線以小角度入射以產生反射。

射過類似的衛星。目前天空上仍有二顆衛星（錢卓及牛頓X射線太空望遠鏡）正在運行，這些儀器的靈敏度又比早期提高了近百萬倍。由於這些設備，我們將對宇宙中黑洞、天體演化、星球形成等問題獲得進一步的認識，而賈可尼正是打開這一扇門的人。

參考資料：

1. 倪簡白（1998），〈神祕的微中子〉，《科學月刊》第29卷，p.844。
2. 超神岡網站 http://www-sk.icrr.utokyo.ac.jp/doc/sk/
3. X光天文學網站 http://chandra.Harvard.edu/xray_astro/history.html
4. 愛因斯坦衛星（HEAO-2）http://heasarc.gsfc.nasa.gov/docs/heao1/heao1.html

倪簡白：中央大學物理系

由量子論至超導與超流理論

文｜胡進錕

2003年10月7日瑞典皇家科學院宣布，
諾貝爾物理獎三位得主為阿布瑞科索夫、金茲柏格以及雷格特，
以表彰他們在超導及超流理論上的前驅性貢獻。
這三位得獎人的貢獻與20世紀量子物理及相變理論的發展有密切關連。

科索夫
Alexi A. Abrikosov
美國
阿岡（Argonne）
國家實驗室

金茲柏格
Vitaly L. Ginzburg
俄國
P. N. Lebedev 物理研究所

雷格特
Anthony J. Leggett
美國
伊利諾大學

● 量子論的發展

　　為了解釋黑體輻射在不同頻率的能量分布，蒲朗克（Max Planck）於1900年首先提出量子的觀念。他大膽假設放出輻射的簡諧振盪器其能量是不連續的，並引進一個新的常數（後來稱為蒲朗克常數），成功解釋了黑體輻射的能譜分布。並由於此一貢獻，蒲朗克獲頒1918年諾貝爾物理獎。

　　1905年，當時在瑞士專利局工作的愛因斯坦發表數篇革命性的論文，一篇提出光量子（光子）的觀念，解釋光照射在金屬表面放出電子的光電效應；一篇提出特殊相對論的理論；一篇提出隨機行走的觀念，解釋水溶液中花粉不規則的運動（植物學家布朗首先發現，因此稱為布朗運動）。1909年，愛因斯坦藉由蒲朗克黑體輻射公式研究輻射的能量均方起伏（meansquare fluctuation），發現輻射同時具有波動和粒子的特性。由於在光電效應理論上的貢獻，愛因斯坦榮獲1921年諾貝爾物理獎。

　　1913年，丹麥物理學家波耳（Niels Bohr）以拉塞福的原子模型和愛因斯坦的量子觀念為基礎，提出原子軌道量子化及躍遷等觀念，成功解釋氫原子的不連續譜線，波耳因這項貢獻獲頒1922年諾貝爾物理獎。1923年，法國的德布羅依（de Broglie）提出物質波的觀念，以理解原子軌道量子化的條件，後來電子的波動性也由電子的繞射實驗證實。德布羅依因提出物質波的革命性觀念而獲得1929年諾貝爾物理獎。

　　1924年6月4日在印度Dacca大學的波色（Satyandra Nath Bose）寄一封信及一篇論文給愛因斯坦，信上提到他附上的論文以一種新的統計觀念導出蒲朗克的黑體輻射公式。波色說：「如果您認為這篇論文值得發表，請安排將它刊於 *Zeitschrift fur Physik*。」愛因斯坦讀了波色的論文

後大為讚賞，除了將波色的論文發表外，也將波色的統計法由無靜止質量的光子推廣到單原子氣體，因此建立了量子統計力學的波色─愛因斯坦統計法。

根據這個統計法，氣體的能量均方起伏有一項具有粒子的特性，另一項則具有波動的特性。在極低溫時，大部分原子會處於最低能量狀態，後來科學家稱這個現象為波色─愛因斯坦凝結（Bose-Einstein condensation, 簡稱BEC），科學家也知道自旋為整數（包括0）的粒子所組成的量子系統遵守波色─愛因斯坦統計法，這樣的粒子則稱為波色子（Boson）以紀念波色。

1925年5月，海森堡完成矩陣力學第一篇論文。9月，波恩（M. Born）和喬丹（P. Jordan）完成一篇矩陣力學的系統陳述。11月，波恩、海森堡和喬丹合作完成一篇矩陣力學涵蓋極廣的論文。狄拉克（P. A. M. Dirac）也完成量子力學的基本公式。

1926年1月到6月，薛丁格完成五篇論文，其中四篇建立了波動力學，另一篇證明波動力學與矩陣力學在數學上為等價。6月，波恩提出波動函數的或然率詮釋。9月，薛丁格應邀到哥本哈根討論量子力學的詮釋。到12月，狄拉克和喬丹提出變換理論，以建立矩陣力學和波動力學之間的關連。同年，狄拉克和費米（E. Fermi）也提出適用於自旋為半整數（1/2、3/2……等）的量子多體系統統計法，稱為費米─狄拉克統計法，而自旋為半整數的粒子（如電子）則稱為費米子（Fermion）。

1927年2月，海森堡提出著名的測不準原理（uncertainty principle），同年波耳提出互補性的觀念。10月24日到29日，第五次Solvay會議召開，愛因斯坦和波耳等人討論量子力學的詮釋，愛因斯坦提出許多想像性實驗想推翻測不準原理，但都被波耳反駁。

波恩（1882-1970）　　海森堡（1901-1976）　　狄拉克（1902-1984）　　薛丁格（1887-1961）

　　因此，到了1927年，非相對論量子力學的理論架構基本上已經建立完成。創立量子力學有功的科學家海森堡、薛丁格和狄拉克、波恩，分別榮獲1932、1933及1954年的諾貝爾物理獎。前面所述可用量子力學描述的系統，基本上只是較簡單的系統，例如氫原子僅由少數粒子組成，而光子之間也沒有複雜的交互作用。所以當一個物理系統是由許多相互作用的粒子組成時，量子力學是否也可以用來描述這樣的量子多體系統？這是一個值得進一步探討的問題。

● 巨觀量子現象

　　20世紀初荷蘭物理學家開默林昂內斯（Heike Kamerlingh Onnes）研究物質在低溫的行為。1908年，他首先成功將氦氣液化而產生極低溫的環境，在此條件下，他研究水銀及一些金屬的導電性，1911年他發現溫度很低時，水銀和金屬的電阻幾乎降為0，他稱這現象為超導性。雖然當時的物理理論還無法解釋此現象，開默林昂內斯仍獲頒1913年諾貝爾物理獎。

　　1933年瓦爾特・邁斯納（W. Meisser）和羅伯特・奧克森菲爾德（R.Ochsenfeld）發現完全抗磁性現象（perfect diamagnetism），即有磁場通過的導體，在低溫變為超導體後，磁場會被排斥在導體之外，但當外加磁場大到超過某一臨界值時，超導體會變回常導體。19世紀末到20世紀初，俄國還是一個科學落後的地區，俄國在低溫物理的發展可說是由卡皮查（Pyotr Kapitza）開始的。卡皮查生於1894年，1918年由彼得格勒技術學院（Petrograd Polytechnical Institute）畢業，並留在原校當講師，1921年離開俄國到英國時，他已發表六篇科學論文。

　　到英國後，他加入拉塞福的研究團隊。1934年夏天，他返回俄國探親，但俄國政府不讓他返回英國研究，拉塞福透過各種管道向俄國政府交涉無效後，英國人考克饒夫（Cockcroft）只好以三萬英鎊的代價，將實驗設備寄至俄國，讓卡皮查在莫斯科建立新的實驗室。為了安置卡皮查，俄國政府在美國駐莫斯科大使館預定地，成立物理問題研究所（institute for physical problems），成立時的實驗設備與西歐國家比起來也是極先進的。

　　1934年，卡皮查設計一個新的儀器可以產生大量液態氦，在20年代已有科學家發現當溫度低於2.3K時，液態氦會變成另一種狀態，稱為He II，但它的性質並不很清楚。1938年，卡皮查研究指出He II有近於0的黏滯係數，流動後經很長的時間仍不會停下來，因此應該被稱為超流體。此後幾年的實驗，卡皮查更發現He II是一種宏觀的量子狀態，即是一種量子流體。由於在低溫物理方面的貢獻，卡皮查獲頒1978年諾貝爾物理獎。

○ 相變與超導理論

　　由於常導體變為超導體以及常流體變為超流體都屬於相變現象，因此超導與超流的理論也要由相變理論的發現歷史瞭解。

19世紀中葉後，科學家開始有系統地研究流體與氣體之間的相變與臨界現象，首先被徹底研究的系統是二氧化碳。荷蘭物理學家凡得瓦（J. D. Van der Walls）於1873年首先以理想氣體狀態方程式為基礎，提出氣態和液態的狀態方程式來解釋兩者間的相變，而因為這個貢獻，凡得瓦榮獲1910年諾貝爾物理獎。

19世紀末，法國科學家居禮（Pierre Curie）以研究磁鐵的磁性變化為博士論文，他發現當溫度升高至某一臨界溫度時，磁鐵的自發磁性強度會降為零，磁鐵也由鐵磁性變為順磁性，這個溫度後來就叫做居禮溫度。1907年，皮埃爾‧外斯（Pierre Weiss）提出一個平均場理論（mean field theory），解釋鐵磁性和順磁性之間的相變現象。愛因斯坦對Weiss的理論頗為欣賞，曾向諾貝爾基金會推薦外斯為諾貝爾物理獎得主，但未被接受。

在平均場理論提出後不久，1908年1月22日藍道（Lev. D. Landau）出生於俄國巴庫，十九歲時由列寧格勒大學物理系畢業，1929至1931年在洛克斐勒基金會的贊助下，至德國、瑞典、英國、丹麥等地遊學，在哥本哈根參與波耳的研究群，研究量子理論。1932至1937年任烏克蘭物理技術研究所理論物理部門主任。1937年，轉到莫斯科物理問題研究所擔任理論物理部門主任。

從1936年開始，藍道致力於相變理論研究，並於1937年發表一系列論文。他提出秩序參數（order parameter）的觀念，表示發生相變與臨界現象的系統有秩序的程度。秩序參數在臨界點為0，溫度低於臨界點時，則由0上升，例如前述凡得瓦研究的液體與氣體組成的系統，秩序參數為液體與氣體的密度差，而居禮研究的磁性系統，秩序參數即為磁性強度。

1938年卡皮查指出He II是一種超流體後，藍道立刻指出液態氦由常

流體變為超流體就是一個波色—愛因斯坦凝結，並提出 He II 的理論，他以量子力學的波函數表示 He II 的狀態，而波函數的值表示超流體狀態的秩序參數。藍道遂因在超流理論上的貢獻榮獲 1962 年諾貝爾物理獎。自然界的氦氣大部分是 He^4（原子核由兩個質子和兩個中子組成），只有少部分 He^3（原子核由兩個質子和一個中子組成），由氦氣凝結而成的液態氦大部分是波色子，因此在極低溫時會產生 BEC，電子是自旋為 1/2 的費米子，但由電子組成的電流為什麼會在低溫時會由普通的電流變為超流呢？這是困擾理論物理學家的問題。

1950 年，金茲柏格和藍道提出超導體在磁場作用下的現象性理論，他們仿效 He^4 超流體的理論，假設可以用量子波函數描述超導體電子的狀態，並寫下該函數必須滿足的非線性方程式，後來被科學家稱為金茲柏格—藍道方程式（Ginzburg-Landau equation，簡稱 GLE）。雖然 GLE 大致可描述超導體在磁場作用下的行為，但超導體的微觀理論仍然有待建立。

1956 年，庫柏（L. N. Cooper）提出電子對的觀念，認為電子經由與晶格振動的作用在低溫時會形成電子對，即一對電子會因為晶格振動產生等效的吸引力而形成波色子，後來科學家稱這樣形成的電子對為庫柏對（Cooper pair）。1957 年，巴丁（John Bardeen）、庫柏和施里弗（J. R. Schrieffer）根據庫柏電子對的觀念，提出超導體的微觀理論，科學家稱之為 BCS 理論。BCS 理論可成功解釋許多超導體的現象，巴丁、庫柏和施里弗因此貢獻，獲得 1972 年諾貝爾物理獎。

● 第二類超導體

前面提到，水銀和金屬在低溫形成超導體後，會將磁場排斥在超導體以外，這就是 Meissner 效應。科學家發現，合金或包含非金屬元素的

化合物在低溫形成超導體後，並不能將磁場完全排斥在超導體外面，即有一部分磁場會穿過超導體，這類超導體被稱為第二類超導體（type I I superconductors）。1957年，在莫斯科物理問題研究所工作的俄國科學家阿布瑞科索夫，以GLE為基礎而建立第二類超導體的解釋理論，他的理論可成功描述在第二類超導體形成的渦旋晶格（vortex lattice）。

◎ He^3 超導體

He^3的原子核包含兩個質子和一個中子，因此和電子一樣是費米子，70年代早期李大衛（David Lee）、奧謝羅夫（Douglas Osheroff）和李查遜（Robert Richardson）發現在極低溫時純粹由He^3組成的液態氦也能形成超流體，他們三位科學家因此貢獻榮獲1996年諾貝爾物理獎。就在He^3超流體被發現後不久，於英國Sussex大學工作的雷格特提出He^3超流體的理論，主要的觀念就是極低溫時He^3也會形成庫柏對而形成等效的波色子，經由BEC的作用，He^3由常流體變為超流體。

以上介紹完20世紀的量子物理與相變理論的發展史後，筆者接著再以簡要文字依序為讀者介紹這三位2003年諾貝爾物理獎得主的生平。

◎ 阿布瑞科索夫

阿布瑞科索夫於1928年6月25日出生於俄國莫斯科，1951年由莫斯科物理問題研究所得到博士學位，論文題目是有關電漿熱擴散的理論。1955年，他再由同一研究所榮獲物理與數學高等博士學位，論文題目是有關高能量的量子電動力學。曾任職多所俄國的研究機構和大學，包括物理問題研究所、藍道理論物理研究所等，學術成就卓著，曾成功探討許多科學領域，而最成功的是有關固體的理論，例如超導體、金屬、半

金屬和半導體等，尤其以發現第二類超導體及其磁性而名聞於於世，第二類超導體的阿布瑞科索夫渦漩晶格甚至就是以他的姓來命名的。

　　阿布瑞科索夫曾獲頒許多學術榮譽，由於在超導體研究的貢獻，曾與金茲柏格和列夫·戈爾科夫（L. P. Gorkov）於1966年共同獲得蘇聯最高科學榮譽列寧獎；由於在半金屬和半導體研究貢獻，獲得1982年蘇聯國家獎；後又獲得Sony公司1991年的John Bardeen獎。阿布瑞科索夫於1987年即獲選為俄國科學院院士，他也是英國皇家學會會員及美國國家科學院院士，共出版三本專書，發表一百九十多篇論文。

　　1991年，阿布瑞科索夫加入美國阿岡國家實驗室材料科學的研究團隊，研究有關高溫超導體的理論，並曾與實驗科學家發現量子磁阻現象。

　　談到榮獲2003年諾貝爾物理獎，阿布瑞科索夫自己表示他一點也不意外，因為他已被提名多次，不過比較不同的是，2003年諾貝爾提名委

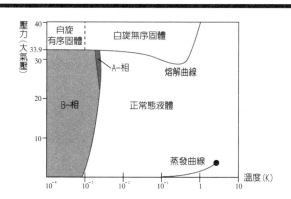

氦三壓力與溫度的相圖。以坡密朗丘克降溫壓力儀將壓力加大，溫度開始下降，當壓力加大到33.9大氣壓，溫度降到2.7mK與1.8mK時，剩餘未固化的氦三液體轉變成A-相與B-相兩種超流體。

員會曾正式通知他，說他是候選人之一，他說：「因為以前從未被正式通知過，我感到這是一個好的預兆」。他又說：「即使沒有諾貝爾獎，我的日子也過得很好，我有感興趣的研究要做，我愛我的家庭，而且我很快樂。」

○ 金茲柏格

金茲柏格於1916年10月4日出生於俄國莫斯科，1938年畢業於國立莫斯科大學物理系，1940年獲博士學位，1942年於俄國科學院列夫‧戈爾科夫物理研究所獲物理與數學高等博士學位，論文題目是有關量子電動力學與輻射。1940年後，他在列夫‧戈爾科夫物理研究所工作，1971至1988年曾任該所理論物理部門的領導人，而1968年至今他同時擔任莫斯科物理與技術研究所的教授。

金茲柏格曾出版十餘本書並發表數百篇論文，內容涵蓋量子電動力學、基本粒子理論、凝聚態物質的光學性質與輻射理論、電漿物理與天文物理，主要研究成果為超導理論（與藍道合作）、相變理論、電漿中波的傳播、同步輻射、穿透輻射理論、宇宙射線起源、脈動星（pulsar）輻射理論、黑洞電動力學等。

金茲柏格曾得過許多學術榮譽，除1966年當選俄國科學院院士，同年也與阿布瑞科索夫和列夫‧戈爾科夫因為在超導體理論的貢獻共同獲得列寧獎，1962年因在理論與天文物理的貢獻而獲頒勒馬諾索夫獎（Lomonosov），1995年因為在物理理論的貢獻獲得俄國科學院瓦維洛夫（Vavilov）金牌獎。

金茲柏格也獲得許多外國頒發的榮譽，包括1987年波蘭物理學會的Smolukhovsky獎，1991年倫敦皇家天文學會金質獎，1991年Sony公司的約翰巴丁（John Bardeen）獎，1998年聯合國文教組織的尼爾斯‧玻

爾（Niels Bohr）獎，1999年美國物理學會尼克森（Nicholson）獎。他也當選九個外國學術團體的院士，其中包括倫敦皇家學會（1987年）和美國科學院（1981年）。

◉ 雷格特

雷格特於1938年出生於英國倫敦，1961年獲牛津大學Merton學院物理學士學位，1964年獲牛津大學莫德林學院理論物理博士學位，1964至1965年任伊利諾大學博士後研究學者，1965至1967任牛津大學莫德林學院學員，1967年任伊利諾大學短期訪問副研究員。同年在英國布萊頓（Brighton）的薩塞克斯大學獲聘擔任講師，1971年升任高級講師，1978年升任教授，1983年轉至伊利諾大學擔任講座教授。

雷格特也獲得過許多學術榮譽，包括1975年的馬克士威獎章及獎、皇家學會會員（1980）、1981年西門紀念獎（Simon Memorial Prize）和弗朗茨・倫敦（Fritz London）紀念獎、1992年保羅・狄拉克（Paul Dirac）獎章及獎，1994年和格拉西姆・埃利亞什堡（G. M. Eliasberg）共同獲得約翰巴丁獎，1996年獲選為美國藝術及科學學院會員，1997年獲選為美國科學院外籍會員，1999年獲選為俄國科學院外籍會員，2003年與哈佛大學物理系伯特蘭・霍爾珀林（Bertran Halperin）共同榮獲沃爾夫（Wolf）獎。

雷格特只做理論研究，不做實驗研究，他說：「我做實驗的同事會盡力避免讓我碰到他們的儀器。」除了研究超流體外，雷格特也研究高溫超導體，他認為高溫超導體形成的機制仍有待研究人員繼續追尋。（金茲柏格照片由E.V. Zakharova提供）

胡進錕：中研院物理所

漸進自由的夸克

文｜高涌泉

強作用力中有一種反常的性質，
即夸克間的作用力會隨距離變小而減弱。
這種「漸近自由」的特性後來由葛羅斯、波利徹與威爾切克
等三位美國人率先發表，三人因此獲得2004年諾貝爾物理獎。

葛羅斯
David J. Gross
美國
加州大學聖塔芭芭拉校區
卡夫力理論物理所

波利徹
H. David Politzer
美國
加州理工學院

威爾切克
Frank Wilczek
美國
麻省理工學院

獲得2004年諾貝爾物理獎的是三位美國籍理論物理學者，分別是六十三歲的葛羅斯、五十五歲的波利徹與五十三歲的威爾切克。葛羅斯目前是美國加州大學聖塔芭芭拉校區卡夫力理論物理研究所所長，波利徹與威爾切克則分別是美國加州理工學院與麻省理工學院的物理教授。三人因為發現「強交互作用中的漸近自由」而獲獎。

　　這項工作是在1973年完成的，當時葛羅斯是普林斯頓大學的物理教授，威爾切克是他指導的研究生，兩人齊在《物理評論通訊》（*Physical Review Letters*）發表一篇僅三頁的短文，宣布他們合作計算的結果；波利徹當時則是哈佛大學的研究生，獨自一人完成了計算，他的文章也只有三頁，也是出現在《物理評論通訊》，恰好緊跟在葛、威二人的文章之後。對於威爾切克、波利徹二人來說，這兩篇得獎文章是他們生平的第一篇文章。

○「漸近自由」呼之欲出

　　漸近自由是非常奇特的性質，一般的場論並沒有這種特性，葛、波、威三人發現楊─密爾斯規範場（Yang-Mills gauge fields）是唯一的例外，所以恰好可以用來解決長久以來令人困惑的質子、中子等強子結構之謎。人們也因而才瞭解以楊─密爾斯規範場為基礎的量子色動力學（Quantum Chromodynamics，簡稱QCD）或許正是描述夸克之間交互作用形式的正確理論。因此漸近自由的發現，可以說是解決強交互作用之謎的關鍵，所以高能物理界早就預期葛、波、威三人遲早會獲得諾貝爾獎。

　　大致上說，能獲得諾貝爾獎肯定的理論物理學家都是頭角崢嶸的不凡人物，2004年獲獎的三人也不例外。但從某個觀點看，這三個人的工

作是「凡人」的工作，因為他們並沒有像某些理論物理學家，例如費曼（Richard P. Feynman）、施溫格（Julian Schwinger）、楊振寧等人（且不論更上一代的海森堡、狄拉克等大師）那樣，能夠提出漂亮的理論來，而只是利用當時已有的計算工具，搶先一步在楊—密爾斯規範場理論中發現了漸近自由這個奇怪的性質；威爾切克自己承認：「很明顯地，漸近自由正等著被人發現，即使我們沒有發現它，物理的進展也不會延緩太久。」可見當時一切條件其實都已成熟，漸近自由已快呼之欲出（事實上，已有其他人知道這項性質，但並未正式發表）。不過葛、波、威三人能夠拔得頭籌，也不是純然僥倖，因為他們的確有過人的見識與能力。

● 夸克帶來的難題

在解釋所謂「一切條件都已成熟」的意思之前，我先說明當時高能物理學家所面對的一個難題。這個難題是來自於弗利德曼（Jerome. I. Friedman）、肯達爾（Henry W. Kendall）與泰勒（Richard E. Taylor）等人，在1960年代於美國史丹佛線型加速器中心（SLAC）所做的「深度非彈性散射」（deep inelastic scattering）實驗。

這個實驗的構想很簡單：將高能電子射向質子，然後觀測散射出來的粒子。依據理論學家布約肯（J. D. Bjorken）與費曼等人的分析，實驗結果大致上可以這麼描述：質子內部有更小的夸克，電子和質子的深度非彈性散射可以看成是電子與夸克的彈性碰撞，而且這些夸克是近乎自由、彼此沒有交互作用的粒子。換句話說，弗利德曼等人的實驗證實了夸克的存在。

夸克是葛爾曼（Murray Gell- Mann）在1960年代初期所提出的概念——它們是自旋1/2的費米子，帶有分數電荷（例如1/3電子電荷）。葛爾

曼認為所有參與強交互作用的重子（baryon，如質子）與介子（meson，如π介子）都是由夸克所組成。由於夸克帶有前所未見的分數電荷，是相當奇怪的東西，所以不少人對於夸克這個假設半信半疑。直到SLAC的深度非彈性散射實驗結果出現，夸克才從「假設」變成「事實」。弗利德曼、肯達爾與泰勒三人因此獲得1990年諾貝爾物理獎。不過這個實驗的另一項結論，卻為理論學家引來一個難題：夸克既然擠在質子內很小的空間之中，應該是很強烈地被束縛著，它的行為怎麼可能像是自由粒子呢？它們彼此間為何沒有什麼交互作用？

●「重整化群」觀念奠基

傳統上，我們用「荷」（charge）這個耦合參數來指明交互作用的大小：兩個粒子間交互作用的強度和它們所帶（相對應於這個特定交互作用）的荷有關，荷越大，作用強度就越強。以大家熟悉的電磁交互作用為例，所謂的荷指的就是電荷，而兩個帶電粒子之間的力與兩者電荷的乘積成正比，所以如果粒子之間沒有什麼交互作用，它們所帶的荷一定很小。不過在量子場論中，由於真空極化（vacuum polarization）效應，我們必須考慮荷的重整化（renormalization of charge），也就是我們必須區別重整化前後的荷，兩者是不一樣的；一般實驗上所測量到的是重整化後的荷。

以量子電動力學（Quantum Electrodynamics, QED）為例，由於真空極化會導致屏蔽效應（screening effect），所以重整化後的電荷比重整化前所謂的「裸電荷」（bare electric charge）要小；換句話說，我們如果離開一個電荷越遠，由於屏蔽效應，所量到已重整化的電荷會比本來的裸電荷要小，但如果越靠近電荷，所量到的電荷就會較大，而這種情

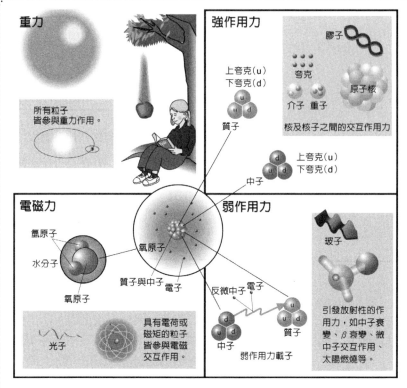

自然界中存有四大基本作用力：重力、電磁力、強作用力與弱作用力，而2004年諾貝爾物理獎的得獎主題，便是解決長久以來的強作用力之謎。1960年於美國史丹佛線型加速器中心（SLAC）所做的粒子碰撞實驗，讓核粒子在加速器中互相撞擊，以研究核子（中子與質子）的次結構，結果意外發現許多性質類似中子與質子的新粒子，總稱為「強子」（hadron），其中包含由三個夸克組成的重子（baryon，包括質子與中子）與由一對正反夸克組成的介子（meson）兩種。當時發現的強子可以分成幾大類，每一類的性質相近，但質量略有不同。這可能是組成成分相同，然而組合方式不同所造成的結果，因此猜測其內部應該還有更小的結構，當時稱這種比核子更小的基本結構為「夸克」（quark）或「部分子」（parton）。既然核子有更小的結構，於是科學家就想要進一步利用核子的高能碰撞，分離出單獨的夸克，但卻無法如願。實驗發現強作用力中有「漸進自由」的現象，即距離越近越沒有束縛，距離越遠作用力反而越大，這和重力所遵循的平方反比定律（$F=GMm/r^2$）恰好相反。於是強作用力如同無形的束縛，將夸克綁在一起形成強子，至今即使加速器的威力已比當年增強了數十倍，科學家還是無法單獨分離出夸克。

況剛好和漸近自由相反，是一般認知中的正常情形。在量子場論中，瞭解已重整化的電荷如何隨著測量距離而變非常重要，因為我們可由此理解交互作用的強度在不同標度下的變化。

理論物理學家已經發展出一套完整的理論，來描述物理在不同的標度之下會產生什麼變化。這套學問稱為「重整化群」（renormalization group），裡頭的核心議題正是討論已重整化的電荷會如何隨著標度而變。為了說清楚已重整化電荷的變化情況，理論專家定義了一個函數，一般稱之為 β 函數。大致上，它是已重整化荷對於能量的變化率；只要掌握了 β 函數，我們就能夠瞭解理論的基本性質。重整化群中有一全套方法可以用來計算特定理論中的 β 函數，所以是非常重要的場論工具。

最早提出重整化群概念的正是提出夸克假設的葛爾曼及夥伴婁（F. Low）等二人，他們在1954年發表了一篇重要文章，裡面列出了重整化群方程式。其實當時在歐洲及俄羅斯也有人使用重整化群的概念，但他們的影響較小。不過在葛爾曼與婁之後，這方面的研究並沒有什麼太大的進展，一直要等到威爾森（Kenneth G. Wilson）在1960年代中期之後，將它發展成重要的場論工具，人們才真正深刻地理解到重整化群的意義。威爾森並且在1970年代初將重整化群技術應用於臨界現象（critical phenomena），計算出臨界指數（critical exponent），解決了數十年來的難題。為此，威爾森獲得1982年的諾貝爾物理獎。

威爾森在1950年代末期於加州理工學院攻讀博士學位時的指導教授正是葛爾曼，所以他對於粒子物理，尤其是強交互作用並不陌生，因此可以預期他會將重整化群應用到強交互作用之上。他的確也這麼做了——他在1970年發表了一篇文章，題目就是「重整化群與強交互作用」。這是一篇很具遠見的文章，裡頭解釋了如何用重整化群的觀念與技術，

來探討強交互作用的問題，並且列舉了各種邏輯上可能的 β 函數，可惜威爾森恰巧就遺漏了可以導致漸近自由的 β 函數。他之所以如此不是沒有原因的：首先，威爾森很瞭解量子電動力學中屏蔽效應的機制，並且知道這種機制也適用於他所知道的一切「正常」場論，而他並不熟悉楊─密爾斯規範場，所以壓根沒想到「反屏蔽效應」的可能性。當然，當時也沒有其他人想到這一點。

◉ 楊密場論解謎

楊─密爾斯規範場論誕生於 1954 年，這是一個描述帶荷的自旋 1 向量粒子的理論。光子也是自旋為 1 的粒子，但是光子不帶荷，所以光子之間沒有直接的交互作用；楊─密爾斯粒子由於帶荷，因此彼此間有交互作用。我們可以說楊─密爾斯規範理論是描述光子的馬克斯威爾理論的推廣。由於自旋為 1 的粒子在很多地方都派得上用場，人們很快地就拿楊─密爾斯規範場論來建構模型，用以描述各種基本交互作用。一個重要的例子是把希格斯機制（Higgs mechanism）與楊─密爾斯規範場論結合，就可得到帶質量又帶荷的自旋 1 粒子理論，正好可以適用於弱交互作用。

無論有沒有加入希格斯機制，楊─密爾斯理論因為有微妙的規範對稱，數學上很不好處理，尤其是量子化與重整化的問題相當麻煩。經過了兩三個世代的努力，這些深奧問題終於被一位年輕荷蘭研究生霍夫特（Gerardus 't Hooft）在 1971 年解決了。當年霍夫特的這項成就震驚了高能理論物理學界，他和其指導教授維特曼（Martinus J. G. Veltman）也因為「闡明了電弱交互作用的量子結構」而獲得 1999 年的諾貝爾物理獎。

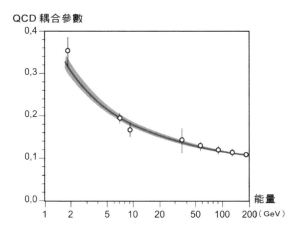

縱軸代表QCD耦合參數。橫軸代表能量,也等於是代表距離的倒數。如果QCD具有漸近自由的性質,QCD耦合參數在能量大的時候應該趨近於0,圖中曲線是理論預測,與實驗結果相當吻合。(諾貝爾官方提供)

● 揭開自由夸克的祕密

葛羅斯是強交互作用專家,在1970年代初決心好好面對SLAC深度非彈性散射所引出的理論問題,也就是自由夸克的問題。他那時已從威爾森那裡學到重整化群理論,也知道除了當時很熱門的楊—密爾斯規範場論之外,所有的理論都不具備漸近自由的特性。所以他決定和學生威爾切克一起解決這漏網之魚,兩人便開始計算楊—密爾斯理論的β函數。波利徹當時則是哈佛物理系高年級的研究生,正急著尋找合適的博士論文題目,當時想到何不把他從指導教授寇曼那裡學到的重整化群方程式,用於楊—密爾斯規範場論,以瞭解這個理論的高能行為。

寇曼在1972~1973年間正好從哈佛休假到普林斯頓研究,波利徹後

來回憶說：「我到普林斯頓去找我的指導教授寇曼，問他我想要計算楊－密爾斯規範場論的 β 函數這個想法如何？他認為是　個好點子。我問他有沒有其他人已經算過？他說就他所知沒有，但我們應該問一下葛羅斯。我們到隔壁問葛羅斯，葛羅斯也說沒有。我稍微和葛羅斯談了一下為什麼計算不會太困難，雖然它過去看起來極為複雜，但只要用點腦筋，一切就滿直截了當的。」由於重整化群和楊－密爾斯規範場論都是當時的熱門領域，所以如果葛羅斯、威爾切克與波利徹三人沒想到研究這個題目，其他人也絕對會去做這項計算。這就是為什麼威爾切克會說「漸近自由正等著被人發現」，因為一切條件都已成熟。

　　葛羅斯原先相信楊－密爾斯規範場論也會和其他「正常」的理論一樣，沒有漸近自由的性質，這麼一來他們就可以宣稱量子場論無法解釋深度非彈性散射，而可以被放棄。事實上，葛羅斯與威爾切克在完成計

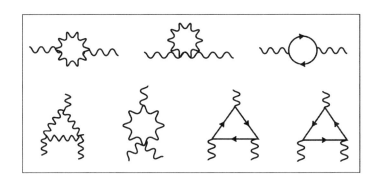

葛羅斯等人計算了以上的單圈費曼圖而得到楊－密爾斯理論的 β 函數。所謂費曼圖是根據量子電動力學（Quantum Electrodynamics, QED）的理論，描述各種基本粒子（包含光子）之間交互作用的時空簡圖。（葉敏華繪製）

算之後還以為他們殺掉了楊—密爾斯理論，一直到開始下筆寫論文才發現他們弄錯了正負號。一旦得到正確的 β 函數，他們就發現了漸近自由——當夸克越靠近，彼此之間的影響就越小；反過來說，當夸克彼此越遠離，交互作用就越強，所以可以永遠綁在一起，而不能成為自由粒子（這種現象又稱為「夸克局限」）。因此楊—密爾斯規範場論正好可以用來解釋史丹佛線型加速器的實驗。強交互作用之謎解決了！依照威爾切克的講法，他很快就想到他們可能因此獲得諾貝爾獎。

○ 獎落誰家

前面提過，最早發現漸近自由的其實並非葛、威、波三人。最瞭解楊—密爾斯理論的霍夫特，早已知道這個理論具有這項性質，但是由於霍夫特一來還不清楚它在實驗上的意義，二來還正忙於自己的研究，就沒有急著發表他的發現，後來霍夫特對此頗感懊惱。另外有兩個俄國人在 1964 年也知道這個結果，但是也同樣沒有瞭解其物理意義。

葛、威、波三人純然是透過複雜的費曼圖計算去得到 β 函數，對於漸近自由背後的物理機制其實並不那麼瞭解，否則他們不會一開始對於關鍵的正負號那麼沒有把握。最早瞭解漸近自由的物理機制正是霍夫特，他的說法是這樣子的：一般的理論（例如電動力學）中有屏蔽效應，所以當我們越靠近（電）荷，所量到的（電）荷就會越大。反過來說，如果要有漸近自由，我們就得要有「反屏蔽效應」（anti-screening effect）。可是如果從磁性（而非電性）的角度來看，屏蔽效應就等同「抗磁性」（diamagnetism），而反屏蔽效應就等同「順磁性」（paramagnetism）。既然楊—密爾斯粒子帶自旋又帶荷，本來就可能具有順磁性，不需要太困難的計算就可以確認這個性質。我們只要理解隱藏在楊—密爾斯規範

場論中順磁性的物理意義，也就可以理解反屏蔽效應的理由，也就不會對於漸近自由這個性質感到那麼驚訝了。

　　威爾切克在獲獎之後，寫了一封感謝信給眾多向他道賀的人，信中特別感謝寇曼，因為「這樣一位天才，會對於我們的工作感興趣，就夠鼓舞我們了。何況他還問了很多有挑戰性的問題，有助於我們一步步掌握最後的結果。」信的最後還說：「我要謝謝葛爾曼與霍夫特沒有把一切都發明掉，還留下一些東西給我們做。」

高涌泉：台灣大學物理系

光同調性更上層樓

文｜鄭王曜

2005年諾貝爾物理獎頒給三位在光同調性有重要貢獻的科學家：
葛勞勃以量子的觀點思考光的同調性；
韓希在 1998~1999年間，率先穩住脈衝雷射；
霍爾團隊則是發展出製造光梳雷射的新方法。

葛勞勃
Roy J. Glauber
美國
美國哈佛大學

韓希
Theodor W. Hänsch
德國
德國伽欽馬普研究協會

霍爾
John L. Hall
美國
美國科羅拉多大學

2005 年諾貝爾物理獎頒給了葛勞勃、韓希及霍爾三人。可以說是頒給了「玩雷射同調特性」的人。怎麼說呢？葛勞勃以量子的觀點來描述與定義光的同調性，而雷射是目前人類所能製造同調性最好的光源（稍後會解釋什麼叫光的同調）。因此他的理論也成為用量子觀點來描述雷射同調特性一個很重要的依據。另外兩位實驗物理學家——韓希和霍爾，則利用雷射的同調性質，進行各類高精密基礎物理的研究。他們在 1999 至 2000 年左右，更發明了「飛秒光頻梳雷射」（femto-second optical frequency comb laser，本文簡稱「光梳雷射」），更將光同調特性的應用，推向另一高潮。這一個發明，使得人類有機會建立「光鐘」。

光鐘的發展對全球度量衡的建立帶來極大進展。當人類共同的時間標準可以光頻為基準時，相當於全球各地在進行各類量測都有了共同語言，而且精確度可藉由光或電磁波，加上人造衛星，隨時進行比對與校正。因此這樣的發明對人類的影響很大。雖說「光」與「雷射」，都是大家平常看得到的東西，但要解釋這三位諾貝爾物理獎得主的貢獻，並不是件容易的事。我們必須從光的基本性質思考起。

◉「光」是什麼？如何與量子觀念結合？

「光」距離我們是那麼接近，然而又是那麼神祕，歷史上偉大的物理學家幾乎每個人都思考過「光」的本質。上一個世紀初，可說是人類史上對「光」的本質最迷惑，也是理解最多的世紀。在之前，由於觀察到光可以干涉，可以線性疊加，因此科學家對「光」的普遍認知是，光具有「波」的行為。

然而在 1905 年，愛因斯坦（1921 年諾貝爾物理獎得主）完全顛覆了這個概念，他告訴大家，「光」是可以用「一顆一顆」來描述的。當然，

這個想法不是無中生有，至少他完美解釋了光電效應。但對於當時熟悉電磁波性質的物理學家而言，光粒子是非常狂野的想法。試想，光如果兼有波動與粒子特性，光波的「相位」到底與粒子的哪部分特性相關？反之，光若以「粒子」視之，是否與其他物質一樣有相應的「物質波」？人們，包含愛因斯坦自己，再也無法有適當的物理圖像，去想像什麼是光。

但仔細想想，我們在測量光的性質時，都是利用物質中的原子、分子來測量；更嚴格地說，是利用原子中的電子來「量」光的性質。在光和電子交互作用時，去觀察電子的變化，例如光電流，或原子中電子的躍遷。同時，古典電磁波理論也告訴我們，光來自於電子加速。因此，物理學家開始思考，以量子力學的角度，來瞭解電子與光交互作用的物理意義，恐怕才是理解「光」的最佳途徑。

另一位了不起的物理學家狄拉克（Paul A. M. Dirac，1933年諾貝爾物理獎得主）想了一個辦法，解決上述如何理解光的難題。狄拉克嘗試結合相對論與量子力學的觀念來描述電子，電子運動產生光子的過程便可理解。狄拉克的想法既嚴謹又富有美妙的物理圖像。根據他的想法，粒子（包含電子與光子）是可以產生與湮滅的，因此電子如果被某一入射電磁波擾動，可視為光子與電子進行交互作用的過程。

這樣的圖像雖可完美地描述，電子與「電磁波量子」的交互作用卻又存在另一個隱憂，亦即若電子是個不佔有體積的傢伙，會有電子自身能量無限大的問題。這個問題後來由朝永振一郎、施溫格和費曼三人（S. Tomonaga, J. Schwinger, R. P. Feynman，1965年諾貝爾物理獎得主），不約而同於40年代提出解決辦法。他們同時補充了一個新的觀念，即「真空」中也會有「光子」，這個真空中的光子一直在搔癢電子。這個想法後來也由藍姆（Willis E. Lamb，1955年諾貝爾物理獎得主）所設計的一個

巧妙實驗證實。

至此，光的性質總算比較清楚：簡單來說，光，可看成帶電荷粒子間，電磁交互作用的「介質」；也可看成空間分布的電磁「場」，端看我們用什麼尺度來描述它，或說用什麼工具來測量它。這兩種觀念之間的聯繫是，把空間中隨時間變化的電磁波，看成是某種簡諧震盪，加以量子化後，光粒子的性質便產生。

◎ 葛勞勃的貢獻——以量子角度看光同調性

諾貝爾獎得主間，似乎常存在著「血統」關係。上述諾貝爾獎得主施溫格的諸多學生也拿了諾貝爾獎，其中葛勞勃即為本屆物理獎得主。葛勞勃因為幫助人們利用量子的角度思考光的同調性而獲得此項殊榮；或說，他回答了前述的兩大問題：如何由光量子來看待古典電磁波的「相位」問題，以及如何理解已經沒有空間座標觀念（光子是不停留的「粒子」）下，光量子的機率分布。

什麼是光的同調性？簡單地講，所謂「第一階」同調性是，當一個人觀察到波峰時，他最多可以確定 t 秒後，來到的是什麼波前（wavefront），我們便說這道光有 t 秒的同調時間（coherent time）；或說，若有人告訴你，你告訴他某空間中一點的波前，他最多可以推論相距 L 公尺外，同樣光源來的光的波前是什麼，我們就說，因為這道光有 L 公尺的同調長度（coherent length）。

實驗上，當干涉儀兩邊的光程差，大到無法有穩定干涉條紋時，此光程差即同調長度（圖一）。一般手電筒的光源，大約只有幾公釐的同調長度，而市面上劣質的雷射筆則大約有幾公尺的同調長度，一般穩頻雷射可有大於 10 公里的同調長度。「第二階同調性」則不討論上述光相位之

間的關聯，而改討論光強度之間的關聯。這對估算遠處星星的大小，是
非常好用的工具，因為我們無法用干涉的方法，來進行星光相位的測量，
但至少可量測同時來到地球的星光，在不同地點下星光強度的關聯，藉
以取得有關這顆星星的蛛絲馬跡。雷射最重要的特徵，就是光相位（或
說波前的穩定度）比手電筒要好很多，加上空間相位的分布也穩定了，
光的準直性就高，能量也容易集中，所以相位穩定可說是雷射光最美的

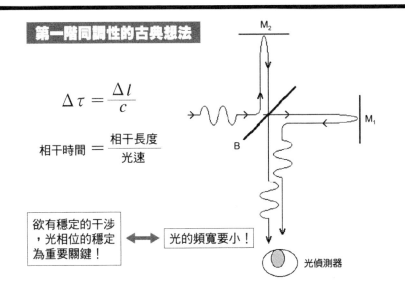

圖一　第一階同調性的古典想法。M1、M2為全反射鏡；B為半反射鏡。也就是，入射
光有一半會跑到M1，另一半會跑到M2。各自走了一段路以後，回到B又線性疊加在一
起，最後反射至一個光偵測器。由於兩條路徑的光程已經不同，因此線性疊加後，不
會與一開始的入射光強度一樣。我們稱為第一階干涉。當兩條路徑光程差太遠，甚至無
法形成穩定干涉，我們便說其具有相干長度（coherence length）。相干長度除以光速，
即文中所說的相干時間（coherence time）。

一個性質；或說，雷射光是同調性很高的光源（愛因斯坦的激發輻射理論已預言了同調性高的雷射。）

但是，從光量子的角度來看，光或電磁波「相位」反而不好解釋。當量測的工具靈敏到只測量光量子時，穩定的電磁波相位，對應的只是量子統計中的一個特殊的光子統計性質，或說，卜瓦松（Poisson）分布（圖

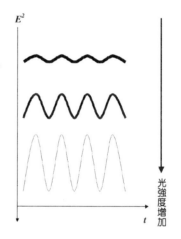

同調光子的特徵

是一種光量子波函鎖模
（mode lock of photon number states）

$$|\alpha\rangle_t = e^{-|\alpha|^2/2} \sum_{n=0}^{\infty} \frac{(\alpha e^{-i\omega t})^n}{\sqrt{n!}} e^{-i\omega t/2} |n\rangle$$

符合測不準原理的最小值，
且不隨時間而變

$$\Delta q \times \Delta p = \frac{1}{2} \hbar$$

E^2

t

光強度增加

圖二　光子數目呈現卜瓦松分布，是量子光學中對同調光源的描述，圖中光量子態的測量值即為光粒子數。當葛勞勃用「量子」的角度去看雷射光時，對他而言，完美的雷射光只是一群不同量子狀態光子的集體行為，而這些集體行為符合卜瓦松統計分布。圖中，Δq 與 Δp 是把電磁波量子化，成為光子時，描繪光子狀態的等效座標與動量。當我們說光子是屬於「同調狀態」（coherent state），指的是它們等效動量與座標的變動，恰符合測不準原理的要求。從古典的角度來看，也就是說，光的振幅與相位不可能同時被量得很準，而完美的雷射光，是這兩者最能被量準的極限。如上圖右方所示，當雷射光很弱時，測不準原理的影響便很大，隨著雷射光越來越強時，相位的誤差也相對的越來越小，越接近我們所認知的古典電磁波。

二)。這時，專門講「相位」的第一階同調性，對光同調性質的描述已不敷使用。另一方面來說，當我們用光量子的角度討論「第二階同調性」時，會發現量子干涉效應對光量測的影響，造成與古典想法不符的實驗觀測。這也是葛勞勃的成就之一，即協助我們對光量子「第二階同調性」的瞭解。

● 霍爾與韓希的成就——高同調光源建造與應用

有了光同調性的認識，我們就會問，如何建立一個高同調光源？答案是，建立一個穩頻雷射！我們知道，這世界上不可能有完美的單頻光，因為電子不可能永遠以固定的頻率震盪。因此可以想像，光源的頻寬太寬，光的波前一定跑來跑去，同調性一定差，如太陽光。

讀者或許會好奇，那要如何讓雷射的頻率穩定？如圖三所示，我們利用雷射光與物質作交互作用，發現當雷射頻率改變時，物質的某些特

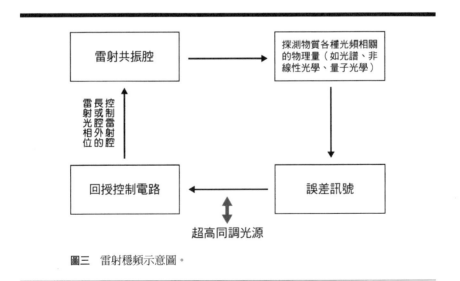

圖三　雷射穩頻示意圖。

性也改變了，如所發出的螢光，或折射率的變化等。由於這些改變都與雷射頻率有關，因此我們可以藉由偵測這些改變，來回授控制雷射的頻率。霍爾等人在雷射剛研發成功時便想到這個點子，並研發出第一個穩頻雷射。

由於光速已經是定義值（299792458 m/s），因此穩頻雷射相當於波長也是穩定的（c=fλ）。也就是說，穩頻雷射的波長可以當作長度標準，同時，「時間」為頻率的倒數，若這個穩頻雷射頻率可以銫原子鐘為參考頻率，[1] 就能實現人類建立光鐘的理想。霍爾甚至曾經研究出小於0.001Hz頻寬的雷射，相當於同調長度1000萬公里！[2]

韓希與霍爾在穩頻雷射的應用，各自都做出很大的貢獻，如物理定律的檢測，及上述長度標準的建立等。舉例說明，韓希將之用於氫原子光譜的精密量測，同時是第一個想出用穩頻雷射做雷射冷卻的人。他的美國實驗室接手人朱隸文因雷射冷卻，得到1997年諾貝爾物理獎；他的得意門生魏曼（Carl E. Wiman）因為將原子冷卻至波色—愛因斯坦凝結（又跟愛因斯坦有關！），而於2001年獲得諾貝爾物理獎。因此韓希得獎絕無僥倖。

同理，霍爾也在科學界做了許多精緻的實驗。例如，用穩頻雷射檢驗空間的均向性、用穩頻雷射檢驗相對論、第一個觀測到原子會因為光而有反彈、測量光速並與其同事 K. Evenson 等人一起建議讓光速為定義值等。韓希與霍爾是好朋友也是競爭者，霍爾就曾在我們面前讚歎，韓希是個非常聰明的科學家（筆者曾為霍爾的博士後研究員）。他們的友誼

1　這並不容易做到，銫原子鐘頻率~10^{10}Hz，但光頻為~$5×10^{14}$Hz，頻率差了五萬倍。
2　最近日本東京大學以超冷光晶格（optical lattice）穩頻，可做到比這個記錄還小的雷射頻寬。

值得我們學習。

在1998~1999年間，韓希率先將脈衝雷射的頻率穩住，並量得其中一個雷射模的絕對頻率。此為光梳雷射的濫觴。

在2000年，霍爾實驗室的研究群在不需要任何參考雷射下，發展出製造光梳雷射的新方法。這個光梳雷射的發明，成為霍爾獲得諾貝爾獎的主要原因。飛秒光頻梳雷射到底是什麼？為何重要到可以拿諾貝爾獎？

● 光梳雷射的原理與其重要性

雷射在發明之初，於學術界的應用就已分為兩個主流：一為頻寬超窄的穩頻雷射，一為頻寬超寬且時間超短的脈衝雷射。穩頻雷射的性質已在前文提過，而超短脈衝雷射就像是超快的快門一樣，只讓我們看到10^{-13}~10^{-15}秒的光一閃而過。[3]脈衝雷射在化學及非線性光學上有重要的應用，穩頻雷射則在探討物理定律與計量學上有重要應用。因此，這兩個性質極端不同的雷射，似乎永遠不可能碰在一起。

如前所述，頻寬很寬的光波如太陽光，不可能有很穩定的波前。在五年前，一般人很難想像有一支雷射可以頻寬很寬，又可以波前很穩定。韓希與霍爾則很巧妙地將二種雷射美好的性質連接起來。目前，我們稱此種雷射為飛秒光頻率梳雷射（femto-second optical frequency comb laser，本文簡稱光梳雷射）。要解釋其原理，就得先從什麼是鎖模雷射說起。我們知道，要是雷射介質可以很寬頻的放大光，則只要符合雷射共振腔駐波條件的光，都會形成雷射輸出。這是寬頻雷射的第一步。

我們又知道，光就是電磁波，電磁波可以線性疊加，若剛好每種頻

3　目前的發展是，可以做到<10^{-15}秒的脈衝雷射，科學家稱之為atto-second。

率的波峰都對到彼此的波峰，就會有最大光強度的加強性干涉。其他部分由於不同頻率、不同相位，平均起來便幾乎沒有光，因此在這一瞬間形成超短脈衝。如果人為可以使得不同頻率的雷射光，兩兩拍頻的相位都是固定的，那麼上述超短脈衝便會有規律的形成與重複，我們稱這種技術為鎖模。

鎖模雷射的每個模絕對頻率並非固定，它們可以一起飄移。有人說，這簡單，把其中一個模穩在一個頻率已知的穩頻雷射上，則所有模的頻率就都知道了。沒錯，但是一般鎖模雷射大約有一百萬根模，每個模的能量大約0.0000004瓦，怎麼找出拍頻來鎖？1999年韓希實驗室團隊還是做到了。因此鎖模雷射的每個模的頻率在頻率軸上有序排列，都不會動，如同梳子一樣，因此被稱為光梳。

但這樣的光梳雷射有一個不方便之處，必須要有一個絕對頻率已知的穩頻雷射作為參考雷射。原因是，鎖模雷射第 n 個模假設頻率為 $fn = n\Delta + \delta$，其中 Δ 與 n 的值都容易判斷，如果沒有一個絕對頻率已知的穩頻雷射的話，δ 值無法得知。霍爾想了一個辦法，不須多加任何雷射便能把上述的 δ 值找出來。如圖四，第 2n 個模頻率為 $f2n = 2n\Delta + \delta$。因此，若能把雷射第 n 個模倍頻，與第 2n 個模產生拍頻，即 $2fn - f2n = (2n\Delta + 2\delta) - (2n\Delta + \delta) = \delta$ 如此便可取得 δ 的訊息而控制到 δ 等於零。

這個想法似乎很簡單，但當時哪有一個鎖模雷射，能夠寬頻到還可以有第 2n 個模？[4] 幸好在1999年，美國 Lucent 公司研發了一種光子晶體光纖，可使雷射頻率變寬。因此圖五的點子變成可能。而這種光子晶體光纖輸出光，經過三稜鏡後顯示的頻寬，相當於彩虹！

4　現在是可以做到一個鎖模脈衝雷射就有這麼寬頻，而不需要任何光纖。

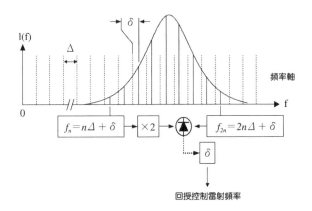

圖四 虛線為鎖模脈衝雷射每個模，由絕對頻率等於零算起的頻率分布，Δ 表示每個雷射模的頻率間隔。很可惜，大部分真實的鎖模脈衝雷射，每個模的絕對頻率與虛線都存在一個 δ 的誤差。因此實驗的方法是，將第 n 個模倍頻，在與第 2n 個模的頻率相減，得出 δ 值再回授控制雷射頻率使其 δ 等於零。

　　很難想像，有一個光源具有燈泡的頻寬，又有雷射的同調性。當此脈衝雷射的絕對頻率像銣原子鐘一樣精確，人們相當於擁有幾百萬支光鐘！我們知道，光纖及通訊技術可以把「光鐘」的精確度到處傳送，這對於全球衛星定位的精確度尤其有幫助。

　　光梳雷射技術在這兩年有長足的發展。筆者於中央研究院原子分子研究所，已將光梳雷射鎖於脈衝雷射增益較大的波長，822nm 銣原子雙光子吸收的譜線上。光纖光梳已在前年由霍爾的同事，於美國國家標準局研發成功。台灣的工業研究院彭錦龍博士實驗室，也完成高穩定的光纖通訊波段之光梳雷射。而韓希的研究團隊與接手霍爾實驗室的 J. Ye（葉軍）團隊，亦於2005年相繼發展出真空紫外光梳。

○ 又過了一關

2005年7月，筆者有幸與霍爾參與一個研討會。他跟筆者談起，現在美國年輕人怕累，很多人不作精密量測。我問他，你為什麼不覺得累？他說，他把實驗的精確度推進一個數量級時，便常瞭解別人看不清楚的現象，感覺非常好玩，好像打電動玩具又過了一關。他說：「你有聽過年輕人打電動玩具喊累的嗎？」

鄭王曜：中央研究院原子與分子研究所

微弱的宇宙輻射化石

文｜吳建宏

目前認為宇宙是在約140億年前的一場大爆炸中形成的，
2006年的諾貝爾物理獎得主，
用先進的儀器偵測，提出了支持大霹靂理論的證據。

馬德爾
John C. Mather
美國
美國國家航空暨太空總署

史穆特
George. Smoot
美國
勞倫斯伯克利國家實驗室

當美國航太總署（NASA）的宇宙背景探測衛星（COBE）探測到宇宙微波背景輻射的異向性時，宇宙學家雀躍萬分，更將此項發現喻為「看見上帝之手」。宇宙背景探測衛星的兩位科學家馬德爾（J. Mather）與史穆特（G. Smoot）因研究成果強化了宇宙演化的大霹靂理論、有助於科學家深入瞭解宇宙結構與星系起源，共同獲得 2006 年的諾貝爾物理獎。

◉ 宇宙膨脹學說──大霹靂模型

　　1910 年代，理論宇宙學家應用愛因斯坦方程式來探討宇宙的動力學，推算出一個不斷在膨脹的宇宙。可是當時的天文觀測技術落後，沒有足夠的數據驗證這個學說。到了 1920 年代，天文學家哈柏（E. Hubble）陸續發現遙遠的星系有紅移現象，即表示星系正以很高的速度遠離我們，顯示星系間的距離隨時間增加，引證了宇宙膨脹學說，後來被稱為宇宙的「大霹靂模型」（Hot Big-Bang Model）。此後，宇宙學便從純粹理論性的階段推前至一門實質的科學。

　　近四十年以來，大型的天文望遠鏡如雨後春筍，尤其是 90 年代升空的哈柏太空望遠鏡（Hubble Space Telescope），更能窺探宇宙深遠的星系。現在宇宙學家大致上有了一個宇宙演化的圖像，認為構成宇宙的物質有兩種：重子物質和非重子物質。重子物質是一般我們所熟悉的物質，大部分是氫和氦，即組成地球、太陽和星系等的物質。非重子物質是所謂的「暗物質」（dark matter），它比重子物質多好多倍。暗物質的壓力很小，不會發亮光，相互作用非常微弱，只可以重力塌陷，對大尺度結構及星系的形成具有決定性的作用。宇宙初期是一小團密度極高且極為炎熱的電漿，由處於熱平衡狀態的基本粒子所組成（如構成質子、中子的夸克和電子等）。宇宙的體積不斷地膨脹，溫度便相繼降低。

　　當宇宙的溫度下降到約攝氏10^{13}度時，夸克會結合成為質子和中子，此外還有剩餘的電子和熱輻射。當溫度再下降到約攝氏10^{10}度時，質子和中子便產生核反應，製造出氫和氦等較輕的原子核。溫度到了約攝氏3000度時，氫和氦等原子核與周遭的電子結合成氫氣和氦氣等。之

演繹宇宙誕生的「大霹靂模型」

宇宙的起源一直是人們熱衷探討的話題，許多學者也提出了不同的假說；其中，大霹靂模型雖然還沒有被證實，但卻是目前最為大家所認同的一種說法，以下簡單呈現大霹靂模型中宇宙形成的過程：

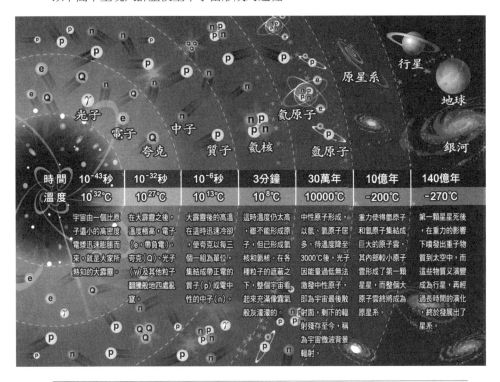

時間	10^{-43}秒	10^{-32}秒	10^{-6}秒	3分鐘	30萬年	10億年	140億年
溫度	10^{32}℃	10^{27}℃	10^{13}℃	10^{8}℃	10000℃	-200℃	-270℃
	宇宙由一個比原子還小的高密度電漿迅速膨脹而來，就是大家所熟知的大霹靂。	在大霹靂之後，溫度極高，電子迅速冷卻，夸克(Q)、光子(γ)及其他粒子翻騰般地四處亂竄。	大霹靂後的高溫在這時迅速冷卻，使夸克以每三個一組為單位，集結成帶正電的質子(p)或電中性的中子(n)。	這時溫度仍太高，雖不能形成原子，但已形成氫核和氦核。在各種粒子的遮蔽之下，整個宇宙看起來充滿像霧氣般灰濛濛的。	中性原子形成，以氫、氦原子居多。待溫度降至3000℃後，光子因能量過低無法激發中性原子，即為宇宙最後散射面，剩下的輻射殘存至今，稱為宇宙微波背景輻射。	重力使得氫原子和氦原子集結成巨大的原子雲，其內部較小原子雲形成了第一顆星球，而整個大原子雲終將成為原星系。	第一顆星球死後，在重力的影響下噴發出重子物質到太空中，而這些物質又演變成為行星，再經過長時間的演化，終於發展出了星系。

後，經過140億年的膨脹及冷卻後，今天宇宙的溫度大約是絕對溫度3度（3K），相當於攝氏零下270度！在宇宙膨脹、冷卻過程中，暗物質密度較高的部分受到內在重力的吸引，漸漸聚合，最後經過重力塌陷，形成暗暈。之後，暗暈成為重力中心，吸引其他氣體，形成星系雛形，最後演變成星系和星系團。

○ 微弱的輻射化石

我們採用微波天線來探測大霹靂遺留下來的3K熱輻射背景，3K熱輻射主要的組成是微波，稱為「宇宙微波背景輻射」。1963年，美國貝爾實驗室的潘佳斯（A. Penzias）和威爾森（R. Wilson）利用微波天線接收機，無意中發現了宇宙大爆炸後遺留下來的宇宙微波背景輻射，為大霹靂模型提供了最重要的證據，他們兩人因此共同獲得1978年諾貝爾物理獎。

宇宙微波背景輻射不僅是大霹靂遺留下來的熱輻射，更重要的是，它隱藏著140億年前宇宙的真貌、大尺度結構和星系形成的起源之重要訊息。大霹靂後約38萬年的時候，宇宙的溫度大約降到攝氏3000度，電漿中的正電離子漸漸與周遭的電子結合成中性原子，整個宇宙頓然變成中性。同時，熱輻射的溫度降到攝氏3000度，輻射中的光子多數是紅外線，因為所帶的能量太低，再也不能激發周圍的中性原子，這個時期我們稱之為「宇宙最後散射面」。此後熱輻射便慢慢地不再與宇宙中的物質有相互作用，獨自成為宇宙背景輻射，同時整個宇宙也變成透明。

由於在最後散射面之前的宇宙是處於熱平衡狀態，其中熱輻射的光譜是一個黑體輻射的分布，所以，最後散射面之後，宇宙背景輻射的光譜仍是一個黑體輻射。經過140億年的宇宙膨脹，宇宙背景輻射除了冷卻成為微波輻射外，本質不曾改變，所以從現在探測到的宇宙微波背景輻

射，就可讓我們直接觀察140億年前宇宙的模樣，從而窺探宇宙誕生約38萬年後的初期狀況。

● 先進儀器的觀測

1989年時，美國航太總署位於馬里蘭州的戈達德太空飛行中心發射宇宙背景探測衛星（COBE），衛星上酬載了三個高靈敏度的儀器，包括「散狀背景擴散實驗裝置」（DIRBE）、「微差微波射電儀」（DMR）和「遠紅外線絕對光譜儀」（FIRAS）。DIRBE負責尋找宇宙紅外線背景輻射，DMR是描繪全天宇宙微波背景輻射，FIRAS則測量宇宙微波背景輻射的光譜，同時與黑體輻射作比對。

FIRAS首次測量宇宙微波背景輻射的溫度，大約是2.725K，並證明

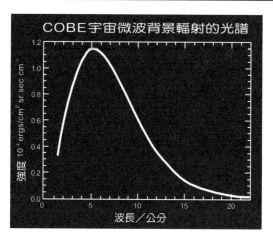

圖一　FIRAS精確的測量宇宙微波背景輻射，所得測的光譜〈圖中曲線〉完全與2.725K黑體輻射的光譜相同。（作者提供）

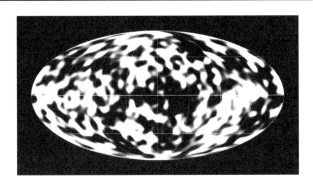

圖二　這幅是根據COBE偵測到的數據建構出來的全天圖，顯示初期宇宙輻射出的宇宙微波背景有著微小的溫度變異（淺色區域的溫度略高），且宇宙輻射並不均勻，間接證實了大霹靂學說。（作者提供）

宇宙微波背景輻射的光譜的確與黑體輻射的光譜吻合，與大霹靂理論的預期非常一致（圖一）。1992年初，DMR量測到宇宙在不同方向的微波輻射溫度有非常細微的差異，稱為異向性（anisotropy）。DMR則把天空分割成好幾千個像素（pixel），然後分別測量每個像素的溫度，發現僅有幾十萬分之一度差異（圖二）。DMR的研究成果給予大霹靂理論又一強力的支持，使我們能對宇宙誕生約38萬年後的初期階段進行觀測，有助於瞭解星系形成的過程。

◉ 大霹靂理論得到支持

　　現年六十歲的馬德爾服務於美國航太總署的戈達德太空飛行中心，六十一歲的史穆特則任職於加州大學柏克萊分校的勞倫斯柏克萊國家實驗室。當年，馬德爾負責COBE整體計畫的協調，而專精天文物理學的

史穆特則是DMR計畫主持人。

瑞典皇家科學院表示,馬德爾與史穆特藉由確證大霹靂理論的預測,並佐以直接的量化證據,將初期宇宙的研究從理論探究轉型為直接觀察與測量,也有助於證明星系形成的過程。科學院的頌詞說:「兩位得獎者從COBE的大量觀測數據,進行非常詳盡的分析,在現代宇宙學演進成精確科學的發展上,扮演了重大角色。」諾貝爾物理學獎評審委員會主席卡爾森表示,馬德爾與史穆特兩人並未證實大霹靂理論,但提出非常強烈的支持證據,可謂是本世紀最偉大的發現,並讓我們對自己生存所在地更加了解。

廣義相對論最重要的預測是「重力紅移」(gravitational redshift),它把重力場與能量兩者關聯在一起。當我們爬上樓梯時,會覺得很費力氣,是因為我們身體不停地背著地球的重力場作功,增加我們的位能。換句話說,要增加重力位能,我們得要消耗體力。同樣的道理,若向天頂發射一束白光,越往前進的光子的能量會漸漸減少,所以光子跑得越高,輻射頻率降得越低,結果發現光束的顏色些微偏向紅色,此現象稱為「重力紅移」。白矮星重力場的重力紅移效應早在廣義相對論提出後不久後就被觀測到了,此後科學家便相繼在太陽及地球的重力場測量到重力紅移效應。

當宇宙熱輻射從最後散射面出發,穿越星系間的大尺度結構來到現在的地球時,宇宙物質分布不均的現象便會透過重力紅移效應顯示在宇宙微波背景輻射的溫度異向性上。

專家們利用DMR量測的結果發現,由宇宙物質大尺度結構(如星系或星系團)在重力場上引致的微小密度起伏,正是宇宙大尺度結構和星系形成的起源。所以,初期宇宙中的物質分布大致平均。然而星系、地球,

甚至人類之所以能出現在這世界上，存在於現在的時空，就是這小小的不平均造成的。

因為，在物質密度較高的地方，重力也較強，因此會吸引其他物質和能量朝此聚集，經過一百多億年的演化後，就形成了現在我們所知道的星球、星系；而密度低的地方，就成為星系間的廣大太空了。這個星系形成過程的推測與大霹靂理論的預測相當吻合。

○ 台灣的發展

台灣在十年前也開始進行宇宙微波背景輻射研究觀測的策畫，於2006年10月初已在夏威夷的毛納洛峰正式舉行落成典禮的宇宙微波背景輻射陣列望遠鏡（AMiBA），更是由中央研究院和台灣大學合作研製。未來期望透過觀測宇宙微波背景輻射穿越星系團所產生的溫度差異，進一步探討星系團的結構及宇宙的演化。

最後，筆者認為，這些研究都是為了探尋宇宙的起源，雖然對民眾的日常生活沒有直接造成影響，但科學家為了追求大自然的奧祕與滿足好奇心，研製出新的技術並創造出新的科學，這對日後人類生活進步確實是有幫助的。

吳建宏：中研院物理研究所

2007

當雙電流模型碰上磁交互作用

文｜李尚凡

2007年諾貝爾物理獎頒給了費爾與葛倫伯格，
表彰他們在發現巨磁阻效應，開啟自旋電子學領域上的貢獻。

費爾
Albert Fert
法國
巴黎第十一大學

葛倫伯格
Peter Grünberg
德國
卡爾頓大學、科隆大學

發現巨磁阻效應，開啟自旋電子學領域。這兩句話應該是用來說明2007年諾貝爾物理獎得主──費爾與葛倫伯格兩人貢獻的最好描述。1988年法國科學家費爾領導的研究團隊在鐵／鉻多層金屬薄膜（超晶格）中發現了巨大的磁電阻變化，並取名為巨磁阻效應；同時期德國的葛倫伯格團隊也在鐵／鉻／鐵三層膜中有類似的發現，並且申請了專利。接下來十九年這個領域延伸出來的發展，使得科學家越來越瞭解到：電子的自旋是可以有效地加以控制運用的。

而國內外媒體要怎麼向一般大眾介紹這看似高深的學術成果呢？上網搜尋一下「iPod背後的科技」，這的確是滿吸引人的說法。諾貝爾物理獎如此貼近日常生活的例子，有1901年第一屆頒給X光的發現人侖琴；1956年頒給了半導體相關研究與電晶體效應；還有2000年，頒給了積體電路相關研究。

實際上，iPod背後的科技有千百種，記憶容量比較大的幾種款式，能夠儲存上萬首音質清晰的樂曲或上萬張畫質清晰的相片，依賴的是今日的數位科技。要將最基本的0與1訊號以最經濟有效的方式作記錄，科學家發展出了許多的方式。這些記錄的寫入、讀取或更改，是以電或光的方式處理訊號。硬碟、隨身碟、DVD等是資訊與影音產業中大家熟悉的物品，各自依照其優缺點，在市場上佔有一席之地。

iPod是在年輕族群中極受歡迎的產品，大容量的款式裡面有一個很迷你的硬碟，其中讀取訊號的機制和本屆的物理獎有關，而諾貝爾獎的官方網站也連結了美國IBM公司的網頁，來做硬碟的介紹。iPod當中的一個小小硬碟，裡面包含了有限的磁性材料作為資料儲存的場所，要達到高容量，關鍵之一就在資料儲存與讀取的讀寫頭。其中讀取訊號的讀取頭部分，之所以能夠達到微小化又有良好的訊號，就是運用了2007年

得獎的主題：磁性多層薄膜中的巨磁阻效應。

現代生活中，人類文明越來越依賴電與磁，銀行存款簿、信用卡、手機、電腦等等科技產物，都使用磁性物質來做記錄，而磁性物質之所以有磁性，是電子自旋產生集體行為的結果。人類對於電子電荷的了解與運用，形成了龐大產值的電子產業，但是對於電子的自旋卻並未有太多的著墨。以下粗淺地介紹今年諾貝爾物理獎的背景，以及近二十年來電和磁方面一些重要的發展，說明科學家在運用電子方面的努力。

● 背景悠久的磁阻研究

「磁電阻」是指電阻受到外加磁場的影響而產生的變化，常簡稱磁阻（圖一）。依照材料結構與發生的物理機制不同，可以分成好幾類，以下會依序介紹。在巨磁阻發現之前，科學家已經知道有「異向性磁阻」和「穿隧磁阻」。

鐵、鈷、鎳等磁性物質和其合金的磁電阻，與它們量測的方式有關。當量測電流垂直於外加磁場時是負磁阻，電阻值隨著磁場的增加而減少，最後達到飽和；量測電流平行於外加磁場時則是正磁阻，電阻隨外加磁場增加而增加，逐漸飽和。這兩種量測方式分別稱為橫向和縱向磁阻，而兩者之間的差別稱為異向性磁阻，其微觀的物理機制在於電子的自旋與軌道交互作用。

早在一百五十年以前，英國的科學大師威廉．湯姆森（W. Thomson，1824~1907，被尊稱為 Lord Kelvin，絕對溫度的奠基者）就已記錄鐵和鎳的異向性磁阻。在飽和外加磁場下，縱向和橫向電阻的差別大約是零磁場電阻值的1~3%。直到1990年代，這個效應一直是大部分磁性感應器背後所依賴的物理原理。現今中生代在二十年前所流行的隨身聽

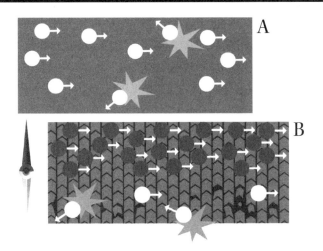

圖一 （A）電子在導體中運動時，因導體內部的不規律雜質，使電子產生散射、不呈直線行進，並阻礙了直線行進的電子，便產生了電阻現象。電子散射的情況越多，電阻也越高。（B）磁阻現象是由於導體受到外加磁場的影響，而產生的電阻變化，大部分在磁性物質中的電子自旋方向是相互平行的（深色粒子），少數電子（淺色粒子）的自旋為相反方向，這些電子易產生散射。（諾貝爾官方網站）

（walkman），就是iPod的老前輩。其中錄音帶的讀取頭就是異向性磁阻的應用。

在兩個磁性導體之間放一個絕緣層，可以是氧化物，也可以是空氣（或真空），持續減少絕緣層厚度至奈米尺寸時，在兩端磁性層加一個電壓差，就能夠由量子穿隧現象而導電。再外加磁場，就形成穿隧磁阻效應。三十多年前就有科學家作這方面的研究，但是在1995年之前，有許多實驗室嘗試製作的樣品可重複性不高，極可能是因為在磁性薄膜上成長絕緣層，兩者表面能量或結構差異過大，絕緣薄膜上形成了細小的針

孔，造成兩電極間各種性質不穩定，也因此未能有任何工業上的應用。

● 鐵磁性物質與雙電流模型

自然界中的一百多種元素，遵循電子在原子核外電子軌域裡排列的先後順序，形成元素週期表。其中只有3d過渡金屬鐵、鈷、鎳和4f稀土鑭系元素中的釓（Gd）等在塊材狀態下具有鐵磁性質，另外4f中的鏑（Dy）在低溫下有複雜的磁性行為。要能夠了解其中的原因，必須說明電子組態。以3d過渡金屬為例，一個獨立的原子最外層的4s和3d電子能階可作為與其他原子鍵結之用。當一群原子靠近、形成固體晶格時，這些原子能階因為交互作用形成能帶。

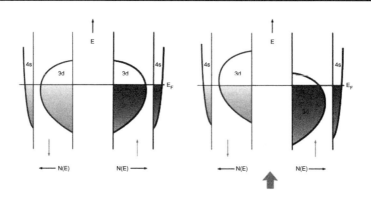

圖二　左圖為一般3d過渡金屬材料最外層能帶結構示意圖，自旋向上與向下的能態密度對稱，佔滿的能態電子總數相同，因此不具有磁性。右圖為鐵、鈷、鎳等磁性材料，兩種自旋能帶產生分裂，造成兩種自旋數目不同，因此材料帶有磁性。橫線代表費米面，4s能帶費米面附近的電子負責導電，費米面附近的空能帶能夠容納經過散射的電子；右圖自旋向上的電子有較低的散射機率。（諾貝爾官方網站）

　　鐵、鈷、鎳之所以有鐵磁性，是因為3d自旋向上和向下的電子能帶產生分裂，造成其中一種自旋數目較多所致。而電子能帶是否分裂，則是要考慮電子動能加上位能的總能量是否能夠降低以及電子能態密度的大小等（稱為stoner criterion），來決定是否能形成更穩定的狀態。其他元素如大家熟悉的金、銀、銅和錳的塊材都不具有鐵磁性。即使獨立的錳原子有五個3d電子有相同的自旋，當形成固體塊材時，3d能帶中的電子自旋向上與向下的數目還是相同，因此錳塊材不具有鐵磁性。

　　4s自由電子因為遭到不同形式的散射而形成電阻。鐵磁性金屬能帶的分裂，對導電電子造成了影響。3d空的能帶能容納經散射後的電子，能帶分裂造成自旋向上與向下電子散射機率不同，兩類電子各自帶有電流，散射機率低的電流就大；如果電子遇到的散射會導致自旋翻轉，兩類電流就會混合，也就是雙電流模型。費爾與坎貝爾在1960、70年代廣泛地研究，確立了鐵、鈷、鎳材料中雙電流模型的適用性。

◉ 磁偶合的新進展

　　稀土元素因為有4f電子的關係，原子都有很強的磁矩。如果兩個稀土原子以雜質的形式存在一般金屬中，與周圍自由電子產生交互作用的結果，兩個磁矩間的排列方向會隨距離的增加，在反平行與平行之間震盪，交互作用逐漸減弱。這種現象稱為「交換偶合」，是學界已熟知的現象。在1986年左右，美國AT&T貝爾實驗室的一些科學家，運用先進的分子磊晶儀器製作品質很好的釓／釔（Gd／Y）、鏑／釔（Dy／Y）超晶格多層薄膜，厚度可以控制在奈米等級。發現在適當的釔厚度時，相鄰磁性層的南極和北極呈現反平行排列或是螺旋狀排列。同一時期，葛倫伯格團隊也在過渡元素鐵／鉻／鐵三層膜中，發現反平行交換偶合的現象。

● 巨磁阻效應引領新研究

很快地，費爾和葛倫伯格分別瞭解到，鐵／鉻多層膜中測量到的電阻，隨著磁場的變化，不同於前述的異向性磁阻。相鄰磁性層南北極反向排列的磁性／非磁性金屬多層膜有較大的電阻。外加一個磁場將磁性層的南北極都排成同樣的方向時，電阻也會同時下降。由雙電流模型來看這種物理現象，可以知道在磁性層反向排列時，自旋向上與向下兩種電流有相同的散射機率；其中一種電子在磁性層磁矩平行時，產生了短

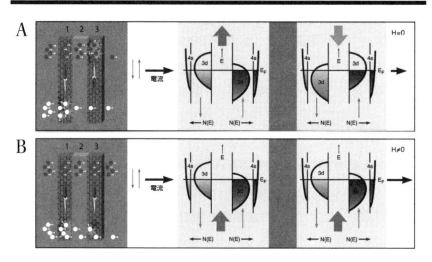

圖三 鐵磁／一般金屬（或絕緣層）／鐵磁三層膜材料電子能態示意圖。（A）表示在外加磁場為零時，左右鐵磁層磁矩方向相反。左方進來的電流帶有相同數目的自旋向上與向下電子，通過三層膜時的散射機率相同。（B）表示當施加一個外加磁場將兩個磁性層磁矩向上排列時，左方進來的電流中不同自旋的電子因為散射機率不同，散射機率小的自旋方向形成短路現象，因而造成巨磁阻效應。

路現象。由於造成的電阻變化比起異向性磁阻大了許多,費爾將它取名為「巨磁阻」(Giant Magnetoresistance, GMR)效應。實際上,在此之前已經有幾個別的實驗室觀察到類似的現象,只是並不瞭解這是新的效應。之後,原本薄膜磁學領域迅速轉向,全世界許多實驗室紛紛投入磁阻方面的研究。

◉ 穿隧磁阻也成熱門

即使是王建民等級的美國大聯盟棒球明星投手,擁有超過150公里時速的速球或是捉摸不定的變化球,將一個棒球丟向一面牆壁,無論牆壁再薄,要讓棒球不破壞牆壁地出現在牆的另一端,也是件不可能的事。若是將棒球換成電子,牆壁換成2奈米或更薄的絕緣層(取代巨磁阻結構的非磁性金屬間隔層),夾在兩個磁性導體之間,就形成一個穿隧磁阻現象。1995年,美國麻省理工學院的雅各迪希・莫德拉(Moodera)教授在鐵磁金屬表面製作絕緣薄膜的技術上,獲得了重大突破,因而製成了高品質的磁穿隧結構。穿隧磁阻現象將室溫下的磁電阻值提高到20%以上,引起了學術界與工業界極大的興趣。

◉ 尺度迥異的超巨磁阻

錳氧化物中發現的超巨磁電阻(colossal MR)現象,電阻變化已不適合以百分比的變化來敘述,而是大於幾十倍以上的電阻變化。這種現象的物理機制與前述的現象不同,而是在某一個溫度下,磁場使得錳氧化物由絕緣體變成導體。但是超巨磁阻是在低於室溫、極高磁場的環境發生的。以目前的研究成果來看,其物理現象要在室溫和低磁場下工作,是未來應用的目標。

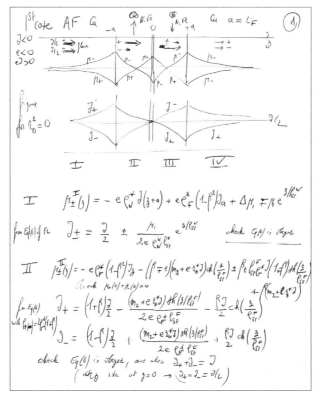

圖四 費爾教授的手稿。筆者於1995年跟隨費爾教授從事博士後研究工作，期間研究電子自旋在鐵磁金屬與一般金屬介面的累積與擴散時，彼此交換的筆記。

● 自旋電子學揭竿而起

相鄰磁性層南北極反向電阻大，南北極同向電阻小，電阻大小與其間所夾的角度有關。如此一來，可流過的電流由夾角決定，好比水管中的水流可由一個閥門來調整大小一般。我們把這種磁性多層膜稱為

自旋閥結構。除了硬碟機中的讀取頭以及近來發展出的磁性隨機記憶體（MRAM）以外，許多新穎的設計使得種種的磁阻效應更容易整合於電子產業中。傳統電子電路中，電流只和電子所帶的電荷有關，但在自旋閥控制的電路中，電流不只和電荷有關，還與電子的自旋有關，因此有了自旋電子學的名稱出現。如何產生自旋排列整齊的電流，如何引導這電流到所需要的位置而自旋方向不會亂掉，以及如何測量最後自旋電流的大小，這些都是必須解決的問題。

今日電子產業的蓬勃發展與半導體息息相關。自旋電子電路如果能夠和半導體產業整合在一起，將會如虎添翼。為了能更容易與半導體產

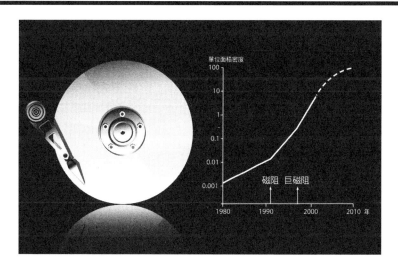

圖五　微型化設備的加速進展，可能會讓大眾產生一種錯覺，以為這個技術的突發猛進就像生物的自然律呈指數成長（圖右）。其實，IT產業革命的發生，是由於基礎科學與科技進展之間錯綜複雜、交相影響而造成的。

業結合，磁性半導體方面的研究已如火如荼地展開。究竟是要使用磁性金屬、還是磁性半導體，將自旋極化電流注入現有的半導體電路較為合適？這也是研究重點之一。在講求高密度的要求下，如何轉動自旋閥的夾角更是一個重要的課題；目前所使用的方法不外乎利用電流產生磁場或是幾個電流的合成磁場，科學家發現：使用自旋排列整齊的高電流密度通過磁性材料本身，同樣可以控制自旋閥的夾角。如何能降低所需電流是必須解決的問題，仍待各個領域投入研發的行列。

● 百花齊放，展望未來

雙電流模型結合了磁交互作用，打開了第一扇在電子電路中控制電子自旋之門。基礎研究在學術領域的成果，很快完成了科技的研發、並有產品上市，使巨磁阻效應與日常生活做了聯結。一波又一波的新穎構想與關鍵技術的突破，為這個領域不斷注入活水。雖然自旋要真正能在電子電路中扮演主角，還有很長的路要走，巨磁阻、穿隧磁阻等現象，則已在資訊儲存中扮演關鍵角色。磁碟機內讀取資料的讀取頭已運用巨磁阻效應；以穿隧磁阻效應製成的隨機存取記憶體，也因非揮發性及耗能低等特色而佔有一席之地。我們期待自旋電子電路的發展，在全球科學家的努力下將繼續帶領科技的進步。

李尚凡：中研院物理所

從B介子工廠到大強子對撞機——
微觀世界的對稱性破壞

文｜侯維恕

「對稱性破壞」是影響宇宙起源的概念。
因探討微觀世界對稱性破壞的發現，
三位日本科學家榮獲2008年諾貝爾物理獎。

南部陽一郎
Yoichiro Nambu
日裔美籍
美國芝加哥大學
費米研究所

小林誠
Makoto Kobayashi
日本
日本高能加速器
研究組織（KEK）

益川敏英
Toshihide Maskawa
日本
京都大學
理論物理湯川研究所

2008年諾貝爾物理獎頒給了三位日本人，部分原因可能是因為有一位諾貝爾獎級的戶塚洋二（Yoji Totsuka）先生在7月過世。已高齡八十七的南部陽一郎因「發現次原子物理對稱性自發破壞機制」獲獎，呼應了大強子對撞機 LHC 在2008年9月的啟用。而小林誠和益川敏英的獲獎原由：「發現特定對稱性破壞之源，因而預測了至少三代夸克的存在」，則反映 B 介子工廠的運行已到了一個階段（B 介子工廠之一的史丹佛 BaBar 實驗，已在4月停機）。但諾貝爾委員會將兩個不大相干的方向用「對稱性破壞」連結在一起，倒是發揮了巧思。

◉ 微觀世界的對稱性與對稱性破壞

物理學試圖在複雜的萬象中尋找潛藏的自然定律，基本定律是絕對、對稱、且適用全宇宙的。在20世紀前半葉，瞭解到對稱性的重要後，物理學家繼而發現「對稱性的破壞」同樣重要。放眼現實世界，完美的對稱性是絕無僅有的。

在粒子物理的世界，有三種基本對稱性：鏡像、電荷與時間。用物理的語言，鏡像對稱叫做 P，取自 Parity，亦即宇稱；電荷對稱寫成 C，取自 Charge；而時間對稱寫作 T，取自 Time。鏡像對稱性 P 表示，所有微觀物理事件，無論直接看或看鏡子中的世界都一樣，左與右無法分別，無人能確定他是在真實或鏡像世界。電荷對稱性 C 則表示，粒子的一切性質與其反粒子相同，只是電荷相反。而時間對稱性 T 是說即使時間倒過來跑，事件看起來也是一模一樣的。

說到反粒子，人類原本不知道它的存在，但其實反粒子的概念已藏在愛因斯坦的 $E = mc^2$ 公式裡。這個公式是 $E^2 = p^2c^2 + m^2c^4$ 在動量 $p = 0$ 時的極限，由此可看出，能量 E 不但有正值也有負值。在薛丁格方程式

> ·宇稱·
>
> 粒子或粒子組成的系統，在空間反射下變換性質的物理量。在將 x、y、z
> 座標同時變號（等價於鏡像加180度的旋轉）後，粒子的場量只改變一個
> 相因數，這相因數就稱為該粒子的宇稱；也可以簡單地理解為，宇稱就
> 是粒子照鏡子時，鏡子裡的影像。

裡習慣用 E ＞ 0，但狄拉克（P. Dirac）將量子力學推廣到相對論性電子運
動時，發現這個「負能量」的問題必須處理。經過一番掙扎，他定義了
電荷對稱性 C，發現反電子的一切都與電子一樣，只是電荷相反，而反
電子（即正子）與電子相遇便相互湮滅產生純能量。1932年，安德森（C.
Anderson）在宇宙線中發現正子，而反質子則在1950年代藉加速器產
生。電磁現象在微觀層次完全符合 P、C 與 T 對稱性，人類的視野也擴大
到反粒子。

　　對稱性不只反映物理學之美，許多繁複的計算亦可藉之化簡，因此
對稱性對微觀世界的數學描述具有關鍵作用。更重要的是，這些對稱性
對應到許多粒子層次的守恆律。譬如能量守恆，基本粒子碰撞前後的總
能量不變，對應到描述這些粒子碰撞的方程式的對稱性；而電荷守恆律，
即電荷總數不變，是電磁理論所具有的對稱性。

　　對稱性如此重要，然而，我們人類卻是對稱性破壞的產物。大約在
140億年前，宇宙剛由大爆炸產生，基於對稱性的概念，物質與反物質應
是等量的，兩者相遇將互相湮滅，只剩下輻射能量。但事實上，顯然物質
的數量大過反物質，否則我們就不會存在了。要讓物質多於反物質，只要
從完全對稱偏離一點點就可以了——每16億顆反粒子中，只要相對應的
粒子比反粒子多出一顆，我們的世界就可存留下來（圖一）。這起初多出

圖一　對稱性破壞造就宇宙的誕生。140億年前的宇宙大爆炸中，因為每十六億反粒子中，多出了一顆粒子，這多出的物質形成宇宙的星系、恆星、行星，乃至於生命。（諾貝爾官方提供）

的一點物質是整個宇宙的種子，從而長出星系、恆星、行星，乃至於生命。不過這最初的宇宙對稱性破壞是怎麼進行的，目前我們仍不甚瞭然。

● 從原子到夸克

　　藉加速器的發展，在二次大戰後人類開始探究質子與中子的結構，撞擊出更多如質子、中子的「強子」，令人費解。1970年代初期，問題終於釐清了：夸克是所有強子的成分，質子、中子由三顆「夸克」組成（圖二）。夸克與電子看來一樣基本，目前還不知道有更進一步的結構。

強子
參與強作用的粒子，如自旋1/2的質子由uud夸克組成，自旋0的π＋介子由u夸克與反d夸克組成。

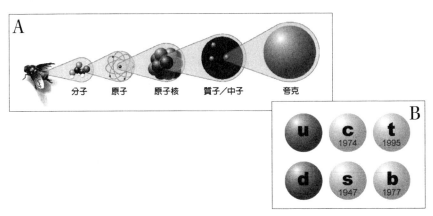

圖二 （A）原子核中的質子與中子由u與d夸克構成，與電子同稱「第一代」，後來又發現第二代夸克s、c與第三代夸克b、t。（B）第二、三代夸克發現的年份。u、c、t夸克電荷為+2/3，d、s、b為-1/3，電子為-1。

　　根據目前的粒子物理「標準模型」，夸克藉交換膠子g（強作用的媒介粒子），形成如質子、中子的強子；強作用殘餘的核作用，將質子、中子束縛成原子核。中子因弱作用而產生β衰變，若沒有弱作用，太陽等恆星無法放光，地心也無法發熱；β衰變也使較重的第二代與第三代s、c、b、t夸克（圖二B），快速衰變到最輕的u與d夸克。較穩定的原子核與電子，藉交換光子γ（電磁作用的媒介粒子）而形成原子，原子再形成分子，最後組成物體（圖二A），而物體則藉萬有引力（重力）形成天體與宇宙。人類最早知道的重力，至今尚未成功融入粒子物理的「標準模型」。

● 關乎宇宙的電荷‧宇稱破壞

　　在標準模型尚未成形前，物理學家不自覺地將已知的對稱性，推廣

到粒子物理的微觀世界，卻發現不是所有的對稱性都可以這樣推廣。楊振寧與李政道在1956年質疑鏡像對稱，亦即宇稱Ｐ是否在弱作用中守恆。他們重新審視已知的原則是否適用在基本粒子的世界，並提出許多實驗檢驗的構想。同年，吳健雄的鈷60衰變實驗發現，從鈷原子核跑出來的電子偏好一個方向，跑出來的電子基本上是左手性的，鏡像對稱在弱作用似乎百分之百破壞了──只有左手性的電子參與弱作用，右手性的不參與。這個實驗證實了左─右不對稱，也就是宇稱不守恆，李、楊兩人也因此在1957年即獲諾貝爾獎。

雖然宇稱Ｐ及電荷Ｃ這兩個變換在弱作用中都百分之百不對稱，但「左手性」費米子在CP變換之下變成「右手性」反費米子（圖三），在那時候的弱作用實驗觀察是對稱的。物理學家自我安慰說，若我們踏進鏡像世界，同時把粒子與反粒子互換，則自然定律不變，亦即電荷‧宇稱

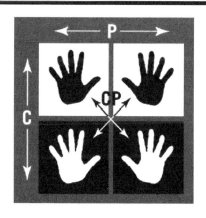

圖三　宇稱變換Ｐ將左右互換，電荷變換Ｃ將粒子、反粒子互換，電荷‧宇稱變換CP則是將左（右）手性粒子與右（左）手性反粒子互換。（B. Cahn提供）

CP是對稱的。

沒想到在1964年，實驗發現在弱作用中連CP對稱性也失守了。稀奇的是，在K0介子觀察到的CP不守恆（又稱CP破壞），只有2（費奇〔V. Fitch〕與克羅寧〔J. Cronin〕因為這個發現，獲頒1980年諾貝爾獎）。這個對稱性破壞有一個用處：如果有外星人要來訪，我們可以事先交換意見，讓外星人也去操作K介子實驗，藉此瞭解他是與我們一樣由物質組成，還是反物質，以免一握手就相互湮滅了。

俄國氫彈之父沙卡洛夫（1975年諾貝爾和平獎），在1967年替CP破壞找到存在的理由。他指出，要解釋宇宙為何不見反物質，必須滿足三個條件，即CP破壞（區分物質與反物質）、宇宙肇始偏離熱平衡、質子衰變。最後這個條件聽起來頗嚇人，但諸位不用擔心，實驗證明質子可存在 10^{33} 年以上，超過宇宙年齡十兆倍。

沙卡洛夫的三條件究竟如何在初始宇宙進行，還沒有人真的知道。原來，實驗室裡所發現的CP破壞是關乎宇宙起源的（包括人類自己的由來），這還真是個亙古隱藏的大奧祕。

費米子

依隨費米－狄拉克統計，角動量的自旋量子數為半奇數的粒子，如電子與夸克，是「自旋」1/2的費米子（相較於自旋0、1、2的玻色子）。這些粒子可想成帶著一個平行於運動方向的小螺絲，而小螺絲只有兩種：若小螺絲為右手旋進則稱為右手性費米子，若為左手旋進則稱為左手性費米子。

K^0 介子

與 π 介子相似但由 d 夸克與反 s 夸克組成。反 K^0 介子由 s 夸克與反 d 夸克組成。

◎ 動盪的1970年代初期

用今日的夸克語言來說，卡畢波（N. Cabibbo）在1963年提出，在弱作用中與u夸克配對的d、s夸克的線性組合：

$$d' = d \cos\theta_C + s \sin\theta_C \quad\cdots\cdots\cdots\cdots\cdots（1）$$

釐清並統一了強子看似雜亂的弱衰變現象。這裡正弦與餘弦函數裡的下標C象徵Cabibbo，為後人所加，θ_C被稱為卡畢波旋轉角。

1970年代初，夸克模型的支持者漸增，但質疑者仍眾，因為他們看不到自由的、未被束縛在強子中的夸克。當時已有電荷 +2/3的u夸克與電荷 -1/3的d與s夸克共三種，可解釋複雜而多樣的強子。有人在1970年將卡畢波理論加以推廣，提出存在另一電荷 +2/3的夸克，與如下的d與s夸克線性組合

$$s' = -d \sin\theta_C + s \cos\theta_C \quad\cdots\cdots\cdots\cdots\cdots（2）$$

在電弱作用中配對。如此一來，利用（1）與（2）式正交的特性，可解決K介子衰變的一些難題。這第四種c夸克（電荷 +2/3），正是丁肇中與瑞科特（B. Richter）在1974年底所分別發現的（1976年便同獲諾貝爾獎）。這個發現被稱為十一月革命，將粒子物理正式帶入了「標準模型」時代。

這個用「革命」來劃分的鉅變期，牽涉到許多理論的突破，無法一一解釋。我們用圖四A與圖四B來說明上述s'及d'的概念。卡畢波的d'理論，如圖四A，加上s'就構成一個完整的二維旋轉，如圖四B所示。

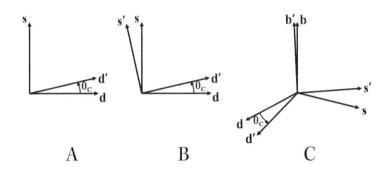

圖四 （A）為卡畢波的（1）式；（B）加入（2）式後，d'-s'為d-s旋轉θ$_C$角所得。小林與益川推廣到d'-s'-b'，發現除了如（C）之三維旋轉外，還出現CP破壞（無法表示出）。

○ 小林・益川模型與CP破壞

　　小林誠在1972年3月自日本名古屋大學獲博士學位，到京都大學任「助手」——也就是日本負研究責任的助教。不到半年，他與同是名大出身、早他五年拿博士的益川敏英，共同發表一篇論文，探討CP破壞在弱作用理論出現的條件。他們最後得出的結論是：一共需要六種夸克。這就是小林・益川模型。

　　前面提到卡畢波理論的推廣，即d、s旋轉成d'、s'，分別在弱作用中與u、c配對。請記得，夸克模型在1972年仍被質疑，而c夸克更只是一個理論想法。但受了弱作用理論已可重整化的衝擊（G. 't Hooft 及 M. Veltman因此獲頒1999年諾貝爾獎），小林與益川開始思考如何在夸克的弱作用理論中引入CP破壞，於是他們想到，這需要有「複數的偶合常數」。熟悉的電磁偶合常數e（譬如電荷間的庫倫力）乃是實數，這個事實在規範場論中得到理解。所以CP破壞的出現，靠的不是規範場論作用

力，但在標準模型中的所謂湯川偶合常數，原則上是複數。小林與益川指出，僅有四種夸克是不夠的。

量子力學的波函數是複數，而夸克場是由波函數推廣而來，也具複數形式。在只有四種夸克的情況下，利用每個夸克場的複數特性，可以吸收掉弱作用所有可能的複數偶合常數的相角，只剩下是實數的卡畢波角（圖四）。因此四種夸克不能解釋1964年所看到的CP破壞。小林與益川推論，必須在四種夸克之外再加上其他東西，譬如額外的玻色子，才能導致CP破壞。

據說有一天小林坐在澡池裡，突然想到也可以增加夸克的數目。將d'、s' 推廣到d'、s'、b'，而u、c亦推廣到u、c、t（t通稱頂夸克），小林與益川發現，在使用了所有夸克場的複數自由度後，仍剩下「唯一」且除不掉的「CP破壞相角」。從（d'，s'）時的一個簡單二維旋轉（圖四B），推廣到（d'，s'，b'）是（d，s，b）的一個么正（unitary）變換，亦即3×3么正矩陣轉換，內含三個旋轉角θ_i（三維旋轉，i = 1-3，圖四C），及一個「相角δ」（無法在圖中表示出）。u、c、t與d、s、b夸克結構的重複出現（圖二B）被稱為「（世）代」，三代夸克遂成為標準模型的一部分。

○ B介子工廠實驗驗證

如圖二所示，第三代的b夸克在1977年發現，t夸克則直到1995年才發現，小林與益川的推測終於被證實了。1990年代，美國與日本爭相在史丹佛與筑波興建B介子工廠，進行BaBar與Belle實驗，以確實在B介子（含b夸克之介子）系統檢驗小林與益川的CP破壞相角δ，2001年便確證CP破壞符合模型預期。台灣團隊在Belle實驗頗有貢獻，與有榮焉。

過去十年人們已把CKM（Cabibbo-Kobayashi-Maskawa）並稱，所

可重整化

在考慮量子效應時理論計算常出現發散性。可重整化是一套除去這些發散性的方法，方能與實驗比對。

複數偶合常數

萬有引力常數G、電磁作用常數e及強作用常數都是實數，唯有在弱作用中，三代夸克以上偶合常數可成為複數。

規範場論

電子波函數乘以任意複數，都不會改變薛丁格方程式，但若要在時空每一點都乘以任意複數，而仍保持薛丁格方程式不變，就必須有「規範場」在每一點作平衡，這就是電磁理論的電磁場。複數相乘次序是可交換的，叫做阿式規範場論。在標準模型裡，弱作用與強作用是非阿式規範場論，亦即將前述複數，推廣到相乘次序不可交換的代數結構。因此弱作用和強作用有不同於電磁作用的性質：規範場可輻射規範場（光子不能輻射光子）。

湯川偶合

自旋1/2費米子與自旋為0玻色子之交互作用，最早為湯川秀樹使用在核子（質子與中子）與π介子。

相角δ

若a，b均為實數，則複數a + ib的相角為δ = arctan（b/a）。

玻色子

依隨玻色－愛因斯坦統計，自旋為整數的粒子。如膠子、光子、介子等。

以義大利人對卡畢波未能一同得獎，深感不滿。

● 自發對稱性破壞

如果小林‧益川模型的CP破壞關乎宇宙，那麼南部對自發對稱性破壞的洞察則關乎「質子質量從哪來」，這個洞察還真有些難以講明白。南部先生是公認見解深刻的人。他的洞察深具普遍性，對標準模型質量的生成，及弱作用與電磁作用（總稱為電弱作用）同源異流的原因，提供了啟發。這也是大強子對撞機探討的課題：電弱對稱性自發破壞的希格斯機制。

南部陽一郎1952年獲東京大學博士學位後赴美。1958年成為芝加哥大學教授時，南部深受超導體BCS理論（1972年諾貝爾獎）的震撼。BCS理論的主要突破，是Cooper對可凝結成玻色─愛因斯坦凝聚態超流體。這個量子力學最低能量狀態是帶電的，電磁規範不變性因而被「自發破壞」（圖五）掉了，意思就是「系統的最低能量狀態不具運動方程式

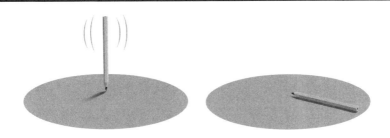

圖五 生活中的自發對稱性破壞。以筆尖立於桌面的鉛筆，若呈現完美對稱，其來自所有方向的能量應都相等。但鉛筆終究會倒下，此時對稱就被破壞。換句話說，鉛筆倒下後達到較穩定的狀態。（諾貝爾官方提供）

的對稱性」，而這帶電超流體的流動，便是超導現象。自發破壞導致光子在超導體中變成有質量的，使得磁場不能穿透超導磁鐵，這個Meissner現象，就是磁浮列車的原理。

南部花了兩年的時間釐清BCS理論，認真探討其規範不變性，開了規範場論自發破壞可重整性的先河。他抓到另一個線索，將對稱性自發破壞帶進粒子物理的範疇，這個線索就是：強子的弱衰變似乎不全然是左手性的。他推測在更基本的層次有一個左—右手對稱性（又稱手徵，chiral），但被強作用自發破壞掉了，導致前述弱衰變不全然是左手性，而質子卻因而變重了。質子的質量即類比於BCS理論裡，非超導體與超導體最低能態的能量差。

南部繼續創意聯想，推測若不加磁場，超導體會有一質量為零之玻色子產生，這樣的零質量玻色子可以跑很遠，卻不減振幅，亦即可傳遞遠程作用力。南部認為在強作用的對稱性破壞之下，這個零質量玻色子

Cooper 對
某些材料中，兩顆電子在低溫下可藉由晶格震盪互相吸引而成對運動，形同玻色子，因而可以凝結。

玻色—愛因斯坦凝聚
玻色子原子在冷卻到絕對零度附近時所呈現出的一種氣態的、超流性的物態。

希格斯粒子
粒子物理學標準模型預言的一種自旋為零的玻色子，至今尚未在實驗中觀察到。它也是標準模型中最後一種未被發現的粒子。

就是湯川秀樹的 π 介子（湯川秀樹因提出 π 介子理論，獲得 1949 年諾貝爾獎）。π 介子因手徵對稱自發破壞而成為最輕的強子，也因此成為核作用力的主幹，讓質子與中子能夠藉交換 π 介子相吸引。南部推論，因為手徵對稱性被稍稍直接破壞掉，而不完全是自發破壞，π 介子質量正比於這兩個對稱性破壞的量，因而不為零。

遠在強作用的規範場論出現前，南部看到了後續理論必須滿足的一般性質。在夸克模型出現前，他預知了 π 介子與質子是由更小更輕的粒子組成。現在我們知道 u 與 d 夸克遠輕於質子，因而有手徵對稱性，卻被強作用規範場論自發破壞掉，使得質子得到質量，而跑出一個極輕的 π 介子。南部還發展出可以計算的理論架構，這個「手徵微擾理論」到現在仍被廣泛使用。

◉ 尋找希格斯粒子

金石（J. Goldstone）證明南部的零質量玻色子具有一般性，通稱南部‧金石玻色子。希格斯（P. Higgs）在 1964 年發現，規範對稱性若被最低能量凝聚態自發破壞，則南部‧金石玻色子將出現而與規範場共舞，形成質量不為零的規範場（即 Meissner 現象）。電弱作用理論自發破壞成電磁作用，就是利用希格斯機制解釋了為何 W 與 Z 粒子很重，而光子 γ 卻無質量。希格斯機制最簡單的體現，會有一顆「希格斯粒子」。它藉自發對稱性破壞提供 W 與 Z 質量，又藉湯川偶合提供費米子質量，可說是基本質量之源，所以戲稱為「神粒子」（God particle）。

剛啟用的大強子對撞機（圖六）可說就是為了尋找希格斯粒子而建。這個耗資幾十億歐元，在日內瓦湖與侏羅山間地底 100 公尺、周長 27 公里的質子—質子對撞機，是人類所建最大、最複雜的機器，使用全世界

圖六 大強子對撞機，坐落在日內瓦湖畔的歐洲粒子物理中心（CERN），從圖右的日內瓦機場可看出尺度。（作者提供）

最大的超導磁鐵，運轉時是全宇宙最冷且世界最大的低溫體。這一切都是為了尋找質量之源，也就是我們自己的起源。台大、中央大學團隊參與CMS實驗，而中研院則參加ATLAS實驗，共襄盛舉。

● 後記

小林‧益川預測了三代夸克，提供CP破壞相角，在B工廠驗證告一段落之際獲獎；南部則獲獎於大強子對撞機序幕，追認他是電弱作用對稱性自發破壞理論的鼻祖。因此2008年的諾貝爾物理獎可說是從B工廠導引到大強子對撞機，前者關乎宇宙物質起源，後者關乎宇宙質量起源，都是大哉問。

理論物理學家都比較推崇南部，而看輕小林與益川「就一篇名作」。

南部思想細膩而貢獻良多，實至名歸。但從實驗的角度看來，小林與益川從簡單的大問題入手，所預測的第三代夸克經二十多年得到印證，而伴隨的 CP 破壞相角經三十年而確證，回頭一看著實令人震驚。而諾貝爾委員會能將兩個不那麼相關的議題圈在對稱性破壞框架之下，還真是服了他們。

　　最後提一下，也是諾貝爾委員會所強調的：小林・益川的 CP 破壞，離宇宙反物質消失所需的條件還差了至少百億倍。路程還遠，讓我們追尋下去吧！

侯維恕：台灣大學物理系

光的魔術師——
奠定現代網路生活的發明

文｜劉容生、張志佳

三位科學家分別因發明光纖及電荷耦合元件，
奠定現代網路社會基石，改變人們生活及溝通方式，
獲得 2009 年諾貝爾物理獎。

高錕
Charles K. Kao
華裔英籍、美籍
英國標準電信實驗室

威拉德‧博爾
Willard S. Boyle
加拿大、美國
美國貝爾實驗室

喬治‧史密斯
George E. Smith
美國
美國貝爾實驗室

2009年諾貝爾物理獎，頒給三位開啟現代網路社會的先驅：高錕，因其所創造的光纖科技廣泛地運用在現今的電話及數據通信，而獲得二分之一的獎項；而威拉德・博爾及喬治・史密斯，則因發明了現今普遍使用在各種不同功能數位攝影上的電荷耦合元件（charge-coupled device, CCD），共同獲得另二分之一的獎項。

● 諾貝爾獎也肯定的科技發明

想想看，假設我們生活裡沒有手機、沒有數位相機、沒有網路，就沒有Google找資料、沒有電子郵件通訊息，當然更沒有開心農場讓你上班時溜出去種種田、養養雞，打越洋長途電話還要排隊等待空線，該是多不方便而無趣的生活。沒錯，四十年前我的學生時代大致就是這麼一個世界。而今天，我們隨時隨地打電話，不論對方在何處，都是隨撥隨通，清清楚楚，出門郊遊或是開會、派對，人手一台數位相機，隨意地拍美景留影，這一切的改變都要歸功於2009年諾貝爾物理獎的得主。

歷年來諾貝爾物理獎的主題，多半是關於基礎科學突破性的貢獻，距一般民眾的生活較為遙遠，若要讓社會大眾瞭解他們的貢獻，通常都需要專家們作一番闡釋。然而2009年諾貝爾物理獎打破以往慣例，給予三位科技人對近代網路社會卓越的貢獻，也難怪揭曉的當天，高錕透過香港中文大學副校長楊綱凱表示「深感榮幸」，並說「諾貝爾獎少有表彰應用科學的成就，故我從來沒有想過會獲獎，感到非常驚喜」。高錕還幽默提及了自己的研究成果，說：「有賴光纖的出現，這個喜訊已於瞬間傳到千里。」

的確，我們每天的生活中，如早上看的電視新聞，就是透過CCD數位攝影機拍攝的畫面，再經過光纖傳送過來、打開電腦上網Google搜尋

到的畫面、YouTube下載的影片也是如此。全世界數十億的人口幾乎天天都受惠於這三位物理獎得主的發明。

● 華人科技之光

「光纖之父」——高錕，為英國和美國公民，1933年出生於上海，1948年舉家遷往香港，立志要成為電機工程師。於香港高中畢業後即前往英國就讀大學，1965年取得英國倫敦大學博士學位。曾擔任英國哈洛工程標準電信實驗室總監、中國香港大學副校長。1992年獲選中研院第十九屆院士，隨後1996年成為中國科學院外籍院士。此外，還先後獲選為美國國家工程院院士、英國皇家工程科學院院士、英國皇家藝術學會會員和瑞典皇家工程科學院外籍院士，1996年退休。今以「對光纖傳輸及光纖通訊有突破性的成就」，獲得諾貝爾物理獎。

● 光纖通訊的源始

高錕從小就對新的現象感興趣，當他在英國標準電信實驗室（Standard Telecommunication Laboratories, STL）工作時，提高傳輸的頻寬一直是通訊領域一個重要的研究課題，在那個時代，衛星通訊和微波通訊利用金屬的導波管（metallic waveguide）來傳遞訊息，是十分熱門的研究題目。從通訊理論上來看，光波應該是一種更好的載波系統，可用來傳輸更寬頻的訊息，但當時缺乏一個理想的光發射器，因此到了1960年代雷射發明後，高錕的老闆就建議他研究利用光波作通訊應用的可能性，從此高錕就和光通訊結下了不解之緣。

其實，光通訊是人類很早就知道使用的通訊方式，包括利用打手式和煙火來把訊號傳送至遠方，然而這些方式傳送的頻寬都很有限。雷射

初發明不久時壽命很短，需要在低溫冷卻的環境下操作，大家完全不知道如何利用雷射，其實雷射本身的頻幅寬，可用來傳輸大量的訊息。

　　起初大家嘗試像古代一般用開放的空間來傳送雷射的訊號，但因空氣太不穩定，使雷射的信號無法穩定傳送，於是很快就放棄此方法；之後也嘗試模仿微波傳輸方式，將光用金屬管來傳輸，或是利用薄膜來傳送光信號，均不成功。慢慢高錕開始思考，如果光能在一個沒有損耗的單膜玻璃波導中傳輸，應該是一個好方法，但是當時沒人知道導致光衰減的真正原因。高錕和他的同事喬治‧霍克漢（George Hockham）二人花了三年多的時間，從最基礎的物理性質和化學性質來瞭解，終於令光束低衰減而能在玻璃介質中傳輸較長距離的技術。

　　1966年，兩人發表的一篇文章，將光信號在單模光纖傳輸作了很仔細的分析和精確的計算，指出當光束的傳輸衰減低於每公里20分貝（20dB/km）時，光纖通訊便可行；同時說明解決光束在長程傳輸中衰減的問題，最關鍵是在減少玻璃的雜質，提升玻璃的純淨度。高錕這篇文章正確地給光纖通訊指明了一個方向，果然在1971年，康寧公司（Corning Glass Works）宣布開發出長達1公里高品質的低衰減光纖，證明了高錕提議以光纖作為通信介質的可行性。1982年康寧公司進一步改良使每公里的光耗損降到0.2分貝，意即1公里損失只有4.5%，這個成果可以說正式開啟了光纖通訊的紀元。

　　1998年，第一條長達6000公里的海底光纜橫越大西洋，連結美國和歐洲，而今天全球所使用的光纖纜線總長超過10億公里，足可纏繞地球兩萬五千圈以上。隨著發展中國家的開發及網路的普及，光纜的長度還在以每小時數千公里的速度成長中。

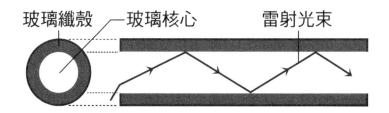

圖一 光纖的結構，核心的折射率較纖殼稍高，雷射得以在核心內傳遞，光纖外層通常還有塑膠材料做的保護層，未顯示在圖中。

● 光纖的基本構造

光纖纜線包含玻璃核心（core）、玻璃纖殼（cladding）以及外層的保護性鍍膜（protective coating）（圖一）。折射率較高的核心與纖殼通常用高品質的石英玻璃（silica glass）製成。一般光纖直徑通常大約125微米（μm），而玻璃纖殼的直徑約為10微米。現今的長距離光纖通訊，我們多半使用衰減率最低的紅外線半導體雷射（波長1.55微米）為光源來操作（圖二）。

● 光纖與生活

1966年高錕所發表的論文〈光頻率介質纖維表面波導〉，是他獲得諾貝爾物理獎的根據，以一條比頭髮絲還要細的光纖替代粗大可靠的銅線，來傳送容量近乎無上限的資訊，當時許多人並不看好高錕提出的建議。然而，隨著時間走到了90年代，高錕利用石英玻璃纖維作為長距離傳輸導體的發明，不僅導引了光纖通訊革命，更為網路時代的來臨鋪好高速大道，帶動了手機快速的普及。如果沒有高錕四十多年前的研究發明，

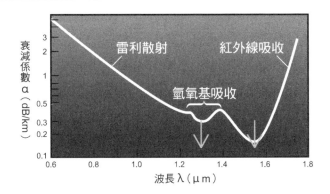

圖二　光纖的衰減係數和光波長的關係圖。當波長小於1微米，主要的光衰減是由於雷利散射（Rayleigh scattering）；在長波長範圍，玻璃內的雜質如氫氧基（OH）為主要原因。兩個波段1.3微米及1.55微米是接近最低衰減的範圍，作為通訊雷射波段所在。

我們可能還要等待多年以後，才可以見證現今生活中網路和手機帶來的一切便利。

被譽為光纖之父的他，光纖技術的專利權為當年工作的標準通訊實驗室所有，許多人惋惜他創造數兆元產值的產業，卻與龐大財富失之交臂。對此，高錕曾在2004年接受美國電機及電子工程師學會（IEEE）訪問時談到，他是工程師，總想著如何能讓研究成果改善人類的生活品質，他沒有後悔也沒有怨言，如果事事以金錢為重，今天一定不會有光纖技術成果。

高錕對華人世界科技的發展也很關心，除了擔任香港中文大學校長一職，也常應邀來台演講、座談和諮議。為感念前行政院長孫運璿任內高瞻遠矚地將光電產業列為國家重點發展項目，積極推動台灣光電科技，2003年欣逢二十週年紀念，高錕院士應邀為大會貴賓在大會致詞（圖三）。

圖三　光電發展二十週年慶會場，國科會頒獎給孫運璿資政，表彰他對光電產業的貢獻。高錕院士應邀為大會貴賓及講員（右三）。

● CCD ── 數位攝影機的基礎

　　半導體電荷耦合元件感影器的發明者──威拉德・博爾，為加拿大和美國公民，1924年出生在加拿大阿默斯特，1950年獲麥基爾大學物理學博士，曾擔任美國貝爾實驗室通信科學部執行董事，1979年退休。喬治・史密斯為美國公民，1930年生於美國紐約，1959年美國芝加哥大學物理學博士。曾擔任美國貝爾實驗室超大規模集成電路設備部門主管，1986年退休。兩位以「發明半導體電荷耦合元件感影器」獲得諾貝爾物理獎。

　　博爾博士在光電科技領域成就非凡。1962年博爾博士進入貝爾實驗室，與尼爾森博士（Dr. Don Nelson）發明第一個可連續操作的紅寶石雷

射，也是第一項有關半導雷射觀念的專利。同年他被借調擔任太空計畫室主任。1994年他又至貝爾實驗室負責半導體電子元件的開發工作。

1969年10月的一個下午，史密斯博士至博爾的辦公室討論一個新的電子元件觀念，也就是當一個金屬氧化半導元件（metal-oxide-semiconductor, MOS）感光後所產生的電荷該如何去讀取。兩人在黑板畫了元件的結構圖，估算元件製作的可能性，不到兩個小時，兩人都意識到這將是一個重要的發明，最後博爾提議稱這個新的發明為「電荷耦合元件」。於是一個嶄新的感影技術誕生了，其發明也奠定了日後數位相機和攝影機的基礎，催生龐大的數位影像產業。博爾和史密斯擁有第一篇關於CCD的專利，發表第一篇相關的論文和實驗結果。次年，根據這個發明，貝爾實驗室開發出世界第一個全半導體的攝影機。

◎ CCD的原理

CCD的原理十分簡單，基本上它每一個感光元件就是一個MOS電容器（圖四A）。包括一個p型的矽基板，上面長一層很薄的二氧化矽薄膜（SiO_2），再鍍上一層透明的金屬膜形成的閘（gate）。當MOS感光時就會產生負電子和正電洞對，這時若將正電壓加在閘上，負電子就會被吸引到帶正電的電閘下面，而形成負電荷（圖四B）。CCD的發明巧妙之處，在如何把每一個MOS電容器感光後的電荷讀出去，它利用的原理就像救災時一排人傳遞水桶一樣，把電荷從左邊接過來，再丟給右邊的人，在CCD這個動作是靠電壓來操作，所以早期也有人稱為BBD（bucket brigade device）。近年來另一種感影技術CMOS的興起，更帶動了手機和數位相機的普及，但在高畫質、高靈敏度等應用，CCD感影器有它不可取代的地位。

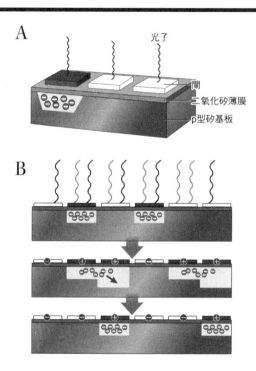

圖四 （A）感光元件構造示意圖；（B）CCD利用電壓將電荷向右傳遞的過程。

○ CCD的普及與天文觀測的突破

CCD發明後被廣泛運用在不同產業，及市場上的許多產品，例如：數位相機、數位攝影機、天文觀測器、醫學內視鏡、高解析電視、讀條碼機、監視錄影器、視訊器材、衛星攝影等等。其涵蓋的範圍小至顯微影像，大至宇宙觀測，都脫離不了CCD的應用。

特別值得一提的是，CCD應用在天文研究上的重要性。1983年，宇宙天文觀測開始使用內建CCD的相機。因為CCD相機的使用，大大提

升了天文學家在觀測上的效率及深度,至於要觀測宇宙另一端更幽暗昏晦不明的星體,相較於過去須花上數小時才能成像的觀測,現在只要幾秒鐘就可以做到。現今,多數的光學天文觀測也都倚賴特別建置在超敏銳CCD晶片上的數位資訊系統,著名的哈柏太空望遠鏡也不例外。若不是CCD的發明,必然要花更長的時間,才有可能看到我們宇宙中的鄰居,如被暗紅色沙漠覆蓋的火星及銀河系的星座。

● 結語

三位科學家在四十年前的發明──光纖通訊和電荷耦合元件,奠定了數位世界的基礎,改變了我們的生活方式,帶動了現代網路社會的發展,所以瑞典皇家科學院正式宣布物理獎的得主時,表示其所做的貢獻為「奠定現代網路社會的基石」。

參考資料

1. Colburn, R., Interview of Charles Kao, New York City, IEEE History Center, 2004.
2. Hecht, J., *City of light: The story of fiber optics*, Oxford University Press, 1999.
3. Kao, K.C. and Hockham, G. A., Dielectric-fibre surface waveguides for optical frequencies, Proc. *IEE*, vol. 113:1151, 1966.
4. Boyle, W.S. and Smith, G. E., *Bell Systems Technical Journal*, vol. 49:587, 1970.
5. Amelio, G.F., Tompsett, M. F. and Smith, G. E., *Bell Systems Technical Journal*, vol. 49:593, 1970.
6. Janesick, J.R., *Scientific Charge-Coupled Devices*, SPIE Press, 2001.

劉容生:清華大學光電所
張志佳:清華大學光電所

挑戰不可能的任務——製備石墨超級薄片

文 | 李偉立

從石墨中抽取出單原子層石墨片似乎是一件不可能的任務，
而兩位科學家從平凡中創造神奇，完美達成任務並掀起研究熱潮。

安德烈·蓋姆
Andre Geim
荷蘭
英國曼徹斯特大學

康斯坦丁·諾弗瑟列夫
Konstantin Novoselov
俄羅斯、英國
英國曼徹斯特大學

2010年的諾貝爾物理獎，由兩位任教於英國曼徹斯特大學的五十二歲俄國裔科學家安德烈·蓋姆及年僅三十六歲的康斯坦丁·諾弗瑟列夫獲得。

在一個週五晚上，他們突發奇想用膠布反覆撥開的方式，挑戰製造單原子層石墨片這個不可能的任務；而這個看似荒謬的想法，讓他們首次成功製備了近乎完美的二維度單原子層石墨片，達成高科技設備所無法完成的任務。他們在2004、2005年分別發表於《科學》、《自然》期刊上的兩篇論文，震驚全世界並引發薄石墨片的研究熱潮；由於其具有極為獨特的物理特性及優越的材質特性，這股熱潮將引領現代科技及科學發展進入新的紀元。

○ 歡迎來到碳的世界

碳為元素週期表中，大家熟知的一個元素。它的原子序等於6，由六個質子、六個中子及六個電子所組成。如果將地球表層所有物質做含量的分析，碳為地表中含量第十二多的元素，每一百萬個矽原子便相對有約五千個碳原子；於人體內，也有20%的體重是源自碳元素；若再進一步擴大至宇宙的尺度，由原子組成的物質中（僅約佔宇宙組成物的5%，其餘95%乃由暗能量及暗物質組成），碳元素約佔0.46%，僅次於氫、氦及氧。因此，我們確實是生活在一個富含碳的世界。

碳除了以各種形式的碳化合物存在之外，亦有許多單純只有碳元素所組成的物質，例如鑽石與石墨（表一），儘管組成元素皆只有碳元素，但是它們的外觀、硬度與價值等卻有如天壤之別。鑽石中碳原子四個能量相近的外層電子軌域互相混雜，形成sp3混成軌域，因而每一個碳原子皆與四個最鄰近的碳原子形成鍵結，其晶格結構為正四面體而呈109.28度夾角。相較之下，石墨中只有三個外層電子混雜為sp2混成軌域，每一

表一 常見的碳組成物質特性比較

	鑽石	石墨
結構	Sp³混成軌域四面體	Sp²三角形
	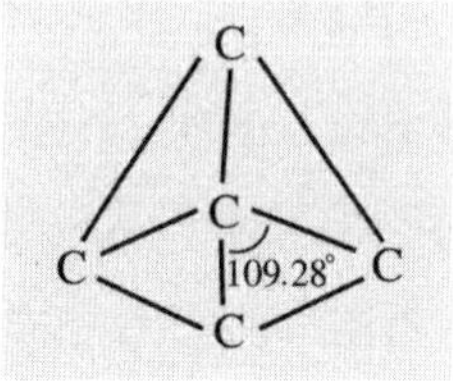	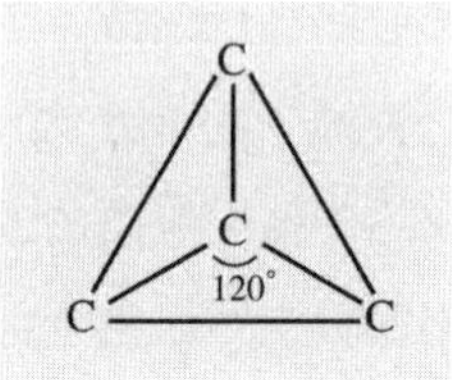
外觀	透明	黑色
導電	否	是
莫氏硬度	10	1
價格	昂貴	便宜

個碳原子僅與三個鄰近之碳原子形成鍵結，晶格結構為三角形而呈120度夾角，剩下的一個外層電子則可於石墨中自由移動，也因此石墨具有良好導電性，而鑽石卻是絕緣體。

我們常用的鉛筆芯主要成分便是石墨。石墨的晶體是由一層一層的單原子層石墨片堆疊形成，而層與層之間僅靠凡得瓦力（van der Waals force）連接。如圖一所示，單原子層石墨片厚度為3.4埃（1埃＝10^{-10}公尺），學名為石墨烯（graphene），因此由三十萬層「石墨烯」所堆疊出來的石墨片約略等同於一張台幣百元鈔票的厚度（近似0.1公釐）。

單原子層石墨片的晶格結構為蜂窩結構（honeycomb），呈現正六邊形網狀結構，每一個頂點皆有一個碳原子，而最鄰近的碳與碳間距為1.4埃（圖一）。儘管其結構非常簡單，早在1947年已有相關的理論計算研究，然而直到約六十年後，石墨烯才首次由蓋姆及諾弗瑟列夫於膠布實

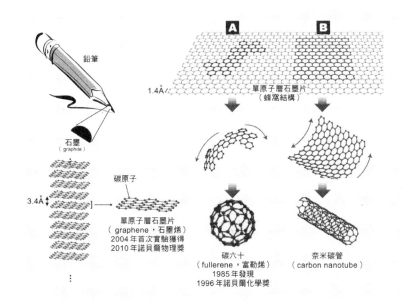

圖一　一般鉛筆芯的主要成分為石墨，石墨的晶體是由一層一層的單原子層石墨片堆疊形成，層與層之間僅靠凡得瓦力連接。單原子層石墨片學名「石墨烯」（graphene），每片厚度3.4埃，晶格結構為蜂窩結構，如圖呈現正六邊形網狀，每一個頂點皆有一個碳原子，而相鄰之碳與碳的間距為1.4埃。「碳六十」及「奈米碳管」是著名的碳奈米同素異形物，兩者皆可由單原子層石墨片獲得其結構。（Å表示單位「埃」，1埃＝10⁻¹⁰公尺）

驗上獲得。碳六十（fullerene，富勒烯）及奈米碳管（carbon nanotube）為另外兩個著名的碳奈米同素異形物，其結構皆可由單原子層石墨片獲得。如圖一所示，若選取圖一A所指部分的單原子層石墨片，可包覆成表面有十二個正五邊形及二十個正六邊形的碳六十結構；若選擇圖一B所指部分，則可捲曲形成奈米碳管。然而碳六十及奈米碳管在實驗上的發

現與獲得均比單原子層石墨片早約二十年。

　　值得一提的，碳六十乃於1985年由兩位天文物理學家及一位化學家共同發現，其靈感來自於外太空富含碳的星際塵埃，十一年後他們三位獲頒諾貝爾化學獎；相較之下，蓋姆及諾弗瑟列夫的實驗突破在短短六年後便獲得諾貝爾物理獎，確實十分難得。

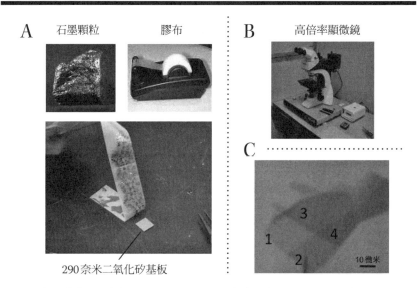

A　石墨顆粒　　膠布　　　B　高倍率顯微鏡

290奈米二氧化矽基板

C

3
4
1
2
10微米

圖二　蓋姆及諾弗瑟列夫製備單原子層石墨片的實驗器材。（A）先用膠布把石墨顆粒反覆剝開成較薄的石墨片，將其沾黏至一個290奈米的二氧化矽基板上；（B）透過高倍率顯微鏡觀察沾黏基板上的微米石墨薄片；（C）為微米石墨薄片呈現的光學影像；經由原子力顯微鏡及拉曼散射的輔助鑑定，標示數字1~4的區域分別為單（原子）層、雙層、三層及四層的石墨片。

○ 神奇的膠布反覆撥開法

圖二為蓋姆及諾弗瑟列夫所運用的實驗儀器及物品。他們首先用膠布將石墨顆粒反覆剝開成較薄的石墨片，然後將其沾黏到一個290奈米二氧化矽的基板上（圖二A），接著再用高倍率顯微鏡觀察並仔細找尋基板上一些幾近透明的微米大小薄片，圖二C即為其中一個薄片的光學影像；經過原子力顯微鏡及拉曼散射的輔助鑑定，圖中標示數字的四個不同對比區域，從對比低至高（即數字1~4）分別為單（原子）層、雙層、三層及四層的石墨片。他們巧妙地利用干涉效應使薄石墨片於基板上能因對比的不同而被肉眼觀察到，這讓微米大小薄石墨片的找尋變得非常容易而有效率。

反觀同時期其他實驗團隊運用高科技設備，例如用原子力顯微鏡來反覆剝開石墨片，均無法成功製備出單原子層石墨片；比較之下，蓋姆及諾弗瑟列夫的神奇膠布反覆剝開法並不依賴高科技設備，更打破了「二維度完美晶體不存在」的長久迷思。

截至目前為止，蓋姆及諾弗瑟列夫於2004及2005年發表於《科學》及《自然》中的兩篇文章，已分別被引用多達三千一百八十五及二千四百六十五次。若將過去二十年與石墨烯相關的論文數做統計（圖三），關

凡得瓦力

凡得瓦力泛指由偶極－偶極交互作用（dipoledipole interaction）所產生的作用力，存在於任何兩個界面之間。界面間距越小，凡得瓦力越大。在界面間距極小時，凡得瓦力為互相吸引的作用力，然而在間距略大時，視界面的形狀有可能變為排斥的作用力，在此尺度下亦稱為卡西米爾力（Casimir force）或者遲緩的凡得瓦力（retarded van der Waals force）。

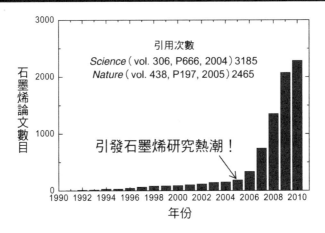

圖三 自蓋姆及諾弗瑟列夫的實驗發現後，便開啟了單原子層石墨片的研究熱潮。

於石墨烯的論文數目明顯在2005年後呈現爆炸性的增加；美國物理學會（American Physical Society, APS）一年一度的年會，更從2007年開啟「單原子層石墨片」的焦點研討區段，由此可見蓋姆及諾弗瑟列夫實驗發現的重要性。

◎ 石墨烯──材料界的明日之星

● 獨特的物理特性

　　石墨烯除了展現二維度單原子層晶格的結構特色之外，亦具備極為獨特的物理特性。蜂窩的結構可區分為A與B子晶格，分別由圖四中的黑色與灰色點陣列代表。如前所述，碳原子的四個外層電子中有一個電子不參與鍵結，而可自由地在A與B子晶格上做跳躍移動。

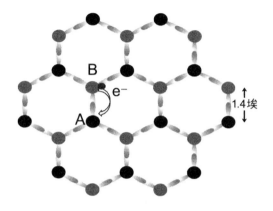

圖四 電子在單原子層石墨片的傳輸示意圖。單原子層石墨片的蜂窩結構可區分為A、B子晶格,分別以黑色與灰色點陣列表示;由於碳原子的四個外層電子中有一個電子不參與鍵結,因此可自由地在A、B子晶格上跳躍移動。

　　根據固態理論中的緊束縛模型(tightbinding model),可計算出電子的能量與其動量關係為 $E = v_F(\dfrac{hk}{2\pi})$,其中 E 為能量、v_F 為費米速率,約每秒 10^6 公尺($v_F \cong 10^6 \mathrm{m/sec}$)、$h$ 為普朗克常數,而 k 為晶格動量。因此電子於單原子層石墨片傳輸時,其能量與動量呈線性的關係,形成一個極為獨特的無質量之費米子,以僅小於光速三百倍的速率在移動;這個物理特性不曾發生於其他材料與系統之中,因此其傳輸特性為單原子層石墨片研究的熱門課題。根據狹義相對論的說法,由於羅倫茲轉換(Lorentz transformation)不變,造成光子無質量且以光速進行,其能量與動量呈線性關係($E = pc$,其中 c 為光速)。反觀電子於單原子層石墨片中,能量與動量的線性關係則完全源自於蜂窩的晶格結構。除此之

羅倫茲轉換

愛因斯坦的狹義相對論指出，當我們觀察以速度v運行的物體時，沿著運行方向的物體長度比其靜止時的長度要短，此現象稱之為「羅倫茲收縮」（Lorentz Contraction）。此外，若於物體內放置一座時鐘，將發現其時間比靜止時跑得還要慢，此即為「時間延遲」（time dilation）。簡而言之，羅倫茲轉換即為觀察者坐標的變換，乃建立於羅倫茲收縮、時間延遲等狹義相對論的基礎上。而無質量之光子以光速c運行的特性，不受羅倫茲轉換而改變。

外，單原子層石墨片中的電子具有螺旋性（chirality），這與光子有左旋光及右旋光兩種螺旋性（helicity）的物理涵義類似。簡單來說，電子於A與B子晶格出現的機率與其移動的方向有關：如果電子僅在A子晶格中沿某一方向跳躍移動，當其做反向運動時電子則會變成僅在B子晶格中跳躍移動。

因此能量與動量的線性關係以及螺旋性，使得單原子層石墨片中的電子形成極為獨特的二維度電子系統。於高磁場下，實驗已發現它有別於傳統二維度電子系統的量子霍爾效應（Quantum Hall Effect），更史無前例地於室溫環境下觀測到量子霍爾效應，因而引起廣大的傳輸研究熱潮。

在其他的新興基礎科學研究領域，例如自旋電子學與量子資訊，單原子層石墨片亦有很大的潛力而備受矚目。它的電子除了帶電荷之外亦具有自旋（spin）物理量；當今的電子元件及科技僅運用電子的電荷特性，若能更進一步運用其自旋的特性將能使元件的功能及效率有更大的發展空間。

在自旋電子學與量子資訊中，一個重要的課題為找尋適合的材料與

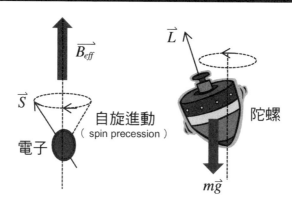

圖五 電子自旋軌道耦合。

系統，以作為電子自旋的良好傳遞媒介。然而於一般導電材質中，電子的自旋狀態容易受到自旋軌道耦合的影響而被破壞。自旋軌道耦合是一個相對論的效應，起源於電子在材料中移動時感受到來自組成原子的電場；此電場相當於一等效磁場（B_{eff}）作用在靜止的電子，因而造成電子自旋的進動（圖五）和自旋態的改變。而自旋進動的原理為等效磁場與自旋本身所產生的力矩（$\vec{N} = \vec{S} \times \vec{B_{eff}}$）促使其發生，這與大家熟知的陀螺運動相同。

　　一般而言，等效磁場的大小與材料之組成原子的原子序大小呈線性關係，因此元素週期表中，位於越右邊或下邊的元素，其自旋軌道耦合越大，越不適合做為自旋的傳遞媒介。反觀單原子層石墨片，由於其組成碳的原子序只有6，加上優越的傳輸速率，使其得以成為良好的自旋傳遞媒介，用來研究自旋電子學與量子資訊的相關課題。

量子霍爾效應

當外加強大磁場於二維度的電子系統時，羅倫茲力（Lorentz force）使電子做迴旋運動（cyclotron motion）。再加上電子之間的庫倫排斥力，形成一個極為特殊的電子體系。若外加一偏壓於此二維度電子體系，實驗上發現其橫向的導電率 σ_{xy}（也稱為「霍爾導電率」，Hall Conductivity）有量化之現象，亦即 $\sigma_{xy} = \dfrac{ne^2}{h}$（$e$ 為電子電荷、h 為普朗克常數）。

早期發現 n 為整數，稱之為「整數量子霍爾效應」（Integer Quantum Hall Effect），之後 n 為分數的「分數量子霍爾效應」（Fractional Quantum Hall Effect）亦被實驗發現。整數與分數量子霍爾效應的發現者分別獲得1985及1998年諾貝爾物理獎的殊榮。

○ 優越的材質特性及應用發展潛力

單原子層石墨片的各項材質特性與目前已知的最佳材質相當或更加優越。雖然它的密度約只有每平方公尺0.77毫克，但可耐斷裂的強度比同厚度的鋼鐵高約一百倍且幾乎完全透光，僅耗損2.3％的入射光強度；因此如果用單原子層石墨片製作一個一公尺見方的吊床（圖六A），它將會是隱形的且總重量僅有0.77毫克，卻可以承受4公斤重的貓仍不會斷裂。

此外，其電子導電率比同厚度的銅高一點六倍且傳輸速度極快，只比光速少三百倍；而在室溫的導熱率，也比同厚度的銅高十倍以上。因此，這些優越的材質特性使得單原子層石墨片的未來應用潛力強大。

也由於其透光好且導電極佳的性質，不但可運用於觸控面板及太陽能電池中的透明導電層材料，加上極快的電子傳輸速率，讓薄石墨片電子元件將能擴展至更高的可工作頻率。美國的IBM團隊已成功驗證由單原子層石墨片製作的電晶體，其電流增益的截止頻率可高達100千兆赫

（100 GHz），比現今最快的半導體電晶體快一倍以上。此外，當元件按比例縮至更小的奈米尺度時，半導體元件會面臨因電阻倍增而使能量耗損大幅增加，導致無法維持應有的元件功能；然而單原子層石墨片元件由於極佳的導電性，因此在元件比例縮小時的能量耗損問題相對來說占有較大的優勢。

儘管單原子層石墨片元件極有潛力取代半導體成為新一代的電子元件材料，不過目前技術上仍有一些急待解決的問題，例如如何製作高純度且大面積的單原子層石墨片或薄石墨片，以及如何產生能隙（band gap）等問題。蓋姆及諾弗瑟列夫的「膠布反覆剝開法」雖然有其實驗研究階段的重要性，但顯然無法適用於工業上的大量生產需求。目前已有

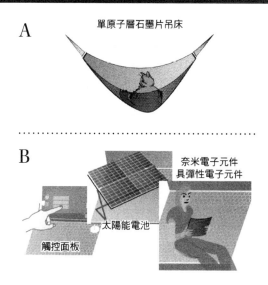

圖六　單原子層石墨片包含多項優越的材質特性，使其未來深具應用發展潛力。

研究報告成功地運用其他的製備方法（如化學氣相沉積與碳化矽高溫析出）製作出大面積的薄石墨片，然而其純度是否符合元件製作的標準仍有待觀察。至於能隙的問題，單原子層石墨片奈米絲帶（nano-ribbon）的相關研究亦指出，當絲帶寬度小於100奈米時便會有能隙產生，而當絲帶寬度越小產生的能隙越大，在20奈米的絲帶寬度所衍生的能隙可達100毫電子伏特（meV）。

　　另外，於雙原子層石墨片研究亦發現，當外加一個足夠大的偏壓垂直於其表面時，能促使能隙產生。因此在全世界如此廣大的薄石墨片研究發展及競爭之下，這些問題最終將可圓滿解決，期待在不久的未來我們將會邁入碳電子元件的新紀元。

◎ 研究的樂趣

　　也許從旁人眼裡，蓋姆及諾弗瑟列夫的成功看似偶然，不過如果仔細去瞭解他們過去的表現以及所展現的研究精神與態度，也許不難看出端倪。蓋姆及諾弗瑟列夫共同從事研究工作已超過十二年，也因此培養

羅倫茲轉換

愛因斯坦的狹義相對論指出，當我們觀察以速度v運行的物體時，沿著運行方向的物體長度比其靜止時的長度要短，此現象稱之為「羅倫茲收縮」（Lorentz Contraction）。此外，若於物體內放置一座時鐘，將發現其時間比靜止時跑得還要慢，此即為「時間延遲」（time dilation）。簡而言之，羅倫茲轉換即為觀察者坐標的變換，乃建立於羅倫茲收縮、時間延遲等狹義相對論的基礎上。而無質量之光子以光速c運行的特性，不受羅倫茲轉換而改變。

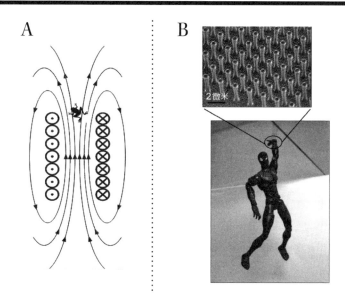

圖七　「漂浮青蛙」與「壁虎膠布」為蓋姆另外兩個大家熟知的有趣實驗。（A）漂浮青蛙實驗讓青蛙成功地懸浮空中，其物理意義為利用所有物質中存在的抗磁特性，可達成空中飄浮的目的。（B）壁虎膠布是模擬壁虎腳的特性所製造的膠帶，其物理意義證明單純利用凡得瓦力即可達成膠布沾黏的效果。

出良好的默契。他們對研究工作非常地認真，雖然每週工作時數超過七十小時，但他們樂活於如此的生活形態中，因為研究對他們來說已成為一種興趣及嗜好，並從中獲得極大的樂趣。每週五晚上，他們習慣放下手邊的所有工作，聚集於實驗室，閒聊各種有趣的問題，並且不設限地思考各種可能的解決方法；膠布反覆剝開法便是在這樣的一個週五晚上討論出的想法。

在這之前，他們還有兩個有趣實驗：漂浮青蛙與壁虎膠布（圖七），

奈米絲帶

材料的維度對其特性有巨大的影響。如果把二維度的單原子層石墨片製作成寬度極小的奈米絲帶，可預期原本的二維度電子體系將由於尺度的局限而變為近似於一維度的電子體系。因此，奈米絲帶的製備廣泛運用於研究維度轉換所衍生的物理特性變化。

而這兩個實驗的構思，也是出自於週五晚上。有趣的是，蓋姆更因漂浮青蛙的研究與貝利（Michael Berry）共同獲頒搞笑諾貝爾物理獎（Ig Nobel Prizes），這使得蓋姆成為史上唯一一位同時擁有搞笑諾貝爾物理獎及諾貝爾物理獎兩個獎項的科學家。然而這些有趣的實驗背後皆隱含重要的物理涵義：漂浮青蛙實驗強調所有物質中所存在的抗磁特性，可用來達成空中飄浮（levitation）的目的；而壁虎膠布則首次由實驗驗證，可單純利用凡得瓦力達成膠布沾黏的效果。

蓋姆及諾弗瑟列夫有別於一般科學家的地方，在於他們研究的課題不局限於特定領域，所運用的技術方法亦不受限於任何儀器或高科技技術，只要有可行性而且能解決問題的都願意去嘗試，這種研究態度及精神，確實值得我們深思及學習。

◉ 結語

回顧過去的重大科學及科技發展突破，大多為創新的發現或者令人意外的結果，2009年的諾貝爾物理獎也不例外。這些發現者之所以能成功的一個主要因素，正是興趣所驅使的好奇心及驚人動力，而這個因素能使個人的專長發揮至極致。

材料科學所涵蓋的學門相當廣泛，其研究與人類的日常生活及科

技息息相關，它的重要性不在話下。舉例來說，於固態物理學門中，各種新奇的材料及有趣的物理現象不斷被發現、不斷引起廣泛的興趣；例如從氧化物高溫超導體（high-Tc super conductor）、巨磁阻的氧化物（colossal magnetoresistance），到最近的多鐵電物質（multiferroic）、單原子層石墨片及拓樸絕緣體（topological insulator）等等，這些材質除了具有特殊的特性外，背後所衍生的物理機制也一直在擴展我們對材料與物質認知的範疇。

本文主要探討的，不過是已發現的一百一十八個基本元素的其中之一，還有許許多多的元素組合、可能性與新的現象等待我們去發掘！因此不管身處於哪一個世紀，材料科學將能一直帶給我們新的刺激與提升生活品質，當然！也持續需要更多的優秀人才加入，共同來推動這個進步與發展的巨輪。（本文圖片皆由作者提供）

參考資料

1. Novoselov, K. S., Geim, A. K., *et al.*, Electric Field Effect in Atomically Thin Carbon Films, *Science*, vol. 306:666-669, 2004.
2. Novoselov, K. S., Geim, A. K., *et al.*, Twodimensional gas of massless Dirac fermions in graphene, *Nature*, vol. 438:197-200, 2005.
3. 諾貝爾物理獎官方網站：http://nobelprize.org/nobel_prizes/physics/。
4. Berry, M.V. and Geim, A. K., Of flying frogs and levitrons, *European Journal of Physics*, vol. 18: 307-313, 1997.
5. Geim, A. K., *et al.*, Microfabricated adhesive mimicking gecko foot-hair, *Nature Materials*, vol. 2:461-463, 2003.

李偉立：中央研究院物理研究所

2011

從「星」看世界——
加速膨脹的宇宙

文｜張慈錦、魏韻純

天文學家原本認為宇宙在大爆炸後的快速擴張應會漸趨緩，
但三位天文物理學家透過觀測遙遠超新星，發現宇宙正加速膨脹，
2011年諾貝爾物理獎因而頒獎表彰他們的成就。

索爾・波麥特
Saul Perlmutter
美國
美國柏克萊大學

布萊恩・施密特
Brian Schmidt
美裔澳籍
澳洲國立大學

亞當・李斯
Adam Riess
美國
美國約翰霍普金斯大學

追求認識我們所在的宇宙——包括宇宙如何演變至現今的面貌、未來又將如何發展等問題——或許是歷世歷代最深邃又最迷人的奧祕之一。2011年的諾貝爾物理獎頒給了索爾‧波麥特、布萊恩‧施密特及亞當‧李斯三位博士，表揚他們發現宇宙加速膨脹的成就。這個透過觀測遙遙超新星而獲致的發現，不僅具有重大意義，也從此改變了人類對宇宙的看法。

○ 20世紀末宇宙大發現

1998年關於「我們所在之宇宙正加速膨脹！」的發現，令專家都跌破眼鏡、大感意外。在此之前，宇宙論學者普遍認為宇宙中物質本身的重力會把宇宙拉回來，所以宇宙的膨脹率將會隨著時間減緩——自1920年代人們發現宇宙正在膨脹以來，宇宙的膨脹史一直是理解宇宙過程重要的一環。當時，有兩個天文學團隊利用遙遠的Ia型超新星（Type Ia supernova）測量宇宙膨脹率，試圖印證宇宙膨脹隨時間減緩的假設。其中一個團隊由波麥特博士領軍，在勞倫斯柏克萊國家實驗室（Lawrence Berkeley National Laboratory）執行「超新星宇宙學計畫（Supernova Cosmology Project）」；另一個是由施密特博士和李斯博士領軍的跨國團隊，進行「高紅移超新星搜尋」（High-Z Supernova Search Team）計畫；當時李斯博士是加州大學柏克萊分校榮獲Miller研究獎金的博士後研究員，與位於勞倫斯柏克萊國家實驗室的波麥特博士只有咫尺之遙。

Ia型超新星是少見而激烈的白矮星爆炸的結果。如果白矮星恰巧處在兩顆星互繞旋轉的雙星系統內，而能逐漸吸取另一顆伴星的質量，當白矮星達到1.38倍太陽質量（即稱為Chandrasekhar limit的臨界質量）後，它的電子簡併壓力（electron degeneracy pressure）無法繼續支持

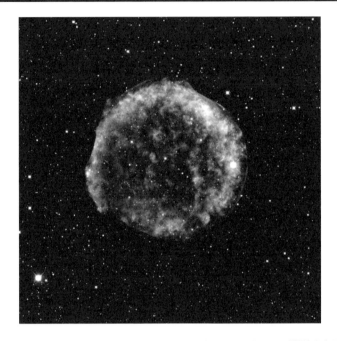

圖一　1572年丹麥天文學家第谷首次觀測到的Ia型超新星爆炸，現稱做第谷超新星，或 SN 1572。此圖是由X射線和紅外線合成的觀測影像。

本身的萬有引力，便會經歷一次熱核的爆炸。爆炸的能量驚人，短期內超新星甚至比所在的星系更亮。由於爆炸的白矮星質量都相同，我們預期在全宇宙中，每次這類爆炸所釋放的能量是相同的，因此釋放的光也相同。這是很重要的一個假設：Ia型超新星在理論上是好的「標準燭光」（standard candles），因為我們預計它們的內稟光度（intrinsic luminosity，即本身的光度）是相同的。

根據此一假設，透過觀測超新星的視星等（apparent magnitudes，

即看起來有多亮），我們能根據亮度與距離平方成反比的規律，推算出超新星所在的距離。除了星等以外，也能觀測超新星發出的光因宇宙膨脹而紅移了多少（紅移值可從超新星因宇宙膨脹而退行的速度導出）。測量超新星的距離，使我們知道它爆炸的時間；藉超新星光譜得出的紅移值，指出宇宙從那次爆炸算起又膨脹了多少。如此，透過測量許多不同距離外的遙遠 Ia 型超新星，我們就能推算出宇宙的膨脹歷史。

● Ia 型超新星距離測量

波麥特博士自 1988 年起率領「超新星宇宙學計畫」團隊尋找遙遠的 Ia 型超新星，測量不同時間的宇宙膨脹率，或者說，試圖確認假設中的宇宙減緩膨脹。1994 年，體認此搜尋工作的重要性，施密特博士與李斯博士為相同目的組成「高紅移超新星搜尋」團隊，當時李斯博士是哈佛大學的研究生，卻成為計畫中的重要人物。

尋找 Ia 型超新星聽來像是相當簡單的任務，實則不然。Ia 型超新星是相當罕見的事件，預計每個星系在一千年內只會有一兩次爆炸，因此需要搜尋一大片天域才能找到。而且必須在同一片天域內很頻繁地搜尋，才能捕捉到僅持續數週的 Ia 型超新星爆炸。不只如此，另一個關鍵是必須在爆炸後幾天內找到超新星，才能確認其最大亮度。雖然這些超新星爆炸能量強大，但要推算宇宙膨脹歷史，則須回溯到宇宙現在年齡的一半或更遠，因此需使用哈伯太空望遠鏡（Hubble Space Telescope）等世界級大型光學望遠鏡才能作進一步觀測。申請這些望遠鏡的觀測時間競爭激烈，不易取得。此外，還必須觀測大量的超新星，才能獲得具有統計意義的測量數據。

為達目標，這兩個互相競爭的團隊使用了很聰明的策略：在新月（即

夜空最黑時）後不久，立即使用較低解析度的監測望遠鏡觀測一片天空，三週後再次觀測同一片天空。他們迅速分析數據，尋找所有可能在這段期間內爆炸的Ia型超新星，再使用事先取得的大型高解析望遠鏡觀測時間，測量所有可能的Ia型超新星之光變曲線。光變曲線記錄了亮度隨時間的變化；通常Ia型超新星在爆炸後數日內達到最大亮度，然後在幾週內逐漸變弱。準確測量光變曲線有助於確定最大亮度，也才能如前所述，確認超新星的距離。兩個團隊利用此方式測量遙遠超新星的光變曲線，有些最遠的超新星是在70億光年外，在宇宙只有大約目前年齡的一半時爆炸的。執行這樣的搜尋計畫，不只需具備專業技能，還需要詳細的規劃與專注的努力。

◎ 加速膨脹的宇宙

　　經過多年的研究，兩個團隊終於收集到足夠數量、不同距離的Ia型超新星數據，推算出宇宙的膨脹率。令他們驚奇的是，與宇宙內物質會

重子聲波振盪（Baryon Acoustic Oscillations, BAO）

重子聲波振盪連結了跨越約5億光年的星系。這些振盪來自熾熱的宇宙初期，初始密度微擾如壓力波般在質子、電子、和光子組成的電漿中傳遞，稱為重子聲波振盪。當宇宙因膨脹而逐漸冷卻到一定程度時，光和物質分離，壓力波無法繼續傳遞，而在光和物質的分布上留下印記。這印記尺度是被當時宇宙大小所決定，即壓力波最遠能傳的距離（理論上計算出此距離約為5億光年）。BAO使得宇宙中距5億光年的物質有群聚效應，這效應被記錄在宇宙微波背景輻射中，也在星系的大尺度結構上，時至今日仍能觀測到。宇宙學家利用此5億光年長的標準尺（standard ruler）來測量宇宙的幾何，瞭解光與物質分離之後的宇宙會如何膨脹。

使膨脹趨緩的預期相反,他們不約而同地發現這些超新星看起來比根據其紅移值推斷的亮度來得暗淡,代表宇宙正在加速膨脹!他們的研究成果指出宇宙處於低物質密度狀態,而且需要一個數值不為零的宇宙常數。

「超新星宇宙學計畫」團隊首先發布消息,果然不出所料,這結果引起學術界震驚,也有人表示質疑;六週後「高紅移超新星蒐尋」團隊根據另一組數據和測量結果宣布相同的結論。隨著時間演進,天文學家陸續取得更多的Ia型超新星數據與更準確的測量結果,而宇宙加速膨脹的看法也逐漸立定根基。

此外,1999年宇宙微波背景波動的測量數據指出:宇宙的幾何形狀可能是平的。根據愛因斯坦的廣義相對論理論,宇宙的幾何形狀取決於它的質量能量密度(mass-energy density)。不過,當時能計算出的宇宙總質量(現在亦然),包括暗物質和普通物質在內,仍不足以使宇宙產生平的幾何形狀。為了解釋觀測到的幾何形狀,宇宙論者必須引進一種未知的能量形式,稱為「暗能量」。除此之外,我們對這奧祕的暗能量一無所知,只知它是一股排斥的力量,使宇宙分開,是宇宙加速膨脹的原因。

● 未知的暗能量

以最簡單的形式,暗能量可說是著名的宇宙常數;愛因斯坦一度認為提出這常數是他最大的錯誤。1916年,在愛因斯坦發表他革命性的廣義相對論後,他意識到他的理論預測宇宙不是靜止的——要不就膨脹,要不就收縮。但是回溯到20世紀初,人們對宇宙的瞭解很少;當時對宇宙的主流看法是:宇宙完全由我們所在的銀河系組成並且是靜止的。愛因斯坦於是勉為其難地決定增加一個常數——宇宙常數,好使宇宙保持靜止。其後,數學家傅里德曼(Friedmann)指出這樣的宇宙終究是不穩

定的：就像要一支鉛筆站在筆尖上保持平衡一樣，因為根據數學運算，宇宙對任何擾動應該都很敏感，並且很容易失去平衡而開始膨脹或收縮。傅里德曼接著提出一個膨脹的宇宙模型，當今廣為接受的大霹靂理論就是從這模型發展出來的。

　　不久之後，天文學家艾德溫・哈伯（Edwin Hubble）在1920年代取得了驚人的發現：他使用位於美國加州帕薩迪納威爾遜山上、當時世界上最大的光學望遠鏡，對造父變星進行觀測，結果指出一些當時已知的類星雲物體必須在我們的銀河系以外，並且它們本身就是星系！在一連串艱辛的觀測後，哈伯於1929年闡述星系距離和退行速度（紅移）之間的關係──即二個星系之間的距離越大，它們分離時的相對速度也越快。這眾所周知的哈伯定律，提供了宇宙膨脹的證據。在得知哈伯的發現之後，愛因斯坦很快排除了他先前為保持宇宙靜止所提出的宇宙常數。宇宙常數後來被認為就是量子理論中的真空能量，是一種反重力的能量形式，其作用與重力相反，是推開而非吸引。有趣的是，現在科學家發現：宇宙常數恰可用來解釋宇宙平的幾何形狀及其加速膨脹。

● 結語

　　根據目前標準的宇宙論典範，暗能量構成70%以上的質量能量密度，然而我們很缺乏對暗能量特性的理解。自發現以來，暗能量即成為物理學和天文學上最重要和活躍的研究主題；據估計平均每天都有一篇探討暗能量的理論性論文。此外，也已經有一些專為測量暗能量特性而設計的實驗；這些實驗試圖回答的首要問題包括：「暗能量是否以宇宙常數的形式存在？若非，暗能量如何與宇宙常數不同？是否隨時間而變化？」。

　　除了透過測量Ia型超新星的光度與距離來研究宇宙的膨脹率之外，

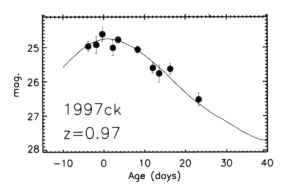

圖二　一個高紅移超新星的光變曲線，取自「高紅移超新星搜尋」（High-Z Supernova Search Team）團隊1998年發表的重要論文（Riess et al. 1998）。當超新星越亮的時候，y軸的星等值就越小。圖形顯示這個超新星在爆炸後的幾天內（由x軸表明）達到最大亮度，而「高紅移超新星搜尋」團隊透過十次的觀測數據（黑點及誤差棒），測量到它的最大亮度並畫出光變曲線。這個超新星在70億多年前爆炸，紅移值為0.97。（圖片來源：Riess et al. 1998）

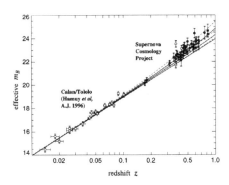

圖三　1999年，「超新星宇宙學計畫」發表宇宙加速膨脹的證據。黑色小圓點是該團隊觀測到的四十二個超新星，多數位於50億光年外，顯示觀測到的星等（y軸）與其紅移值（x軸）之間的關係。超新星看起來比根據其紅移值推斷的光度來得暗淡，表明宇宙正加速。（圖片來源：Perlmutter et al. 1999）

弱重力透鏡效應（weak-gravitational lensing effect）

根據廣義相對論，重力透鏡效應就是當背景光源發出的光在重力場（比如星系、星系團及黑洞）附近經過時，光線會像通過透鏡一樣發生彎曲。光線彎曲的程度主要取決於重力場的強弱。分析背景光源的扭曲，可以幫助研究中間做為「透鏡」的重力場的性質。根據強弱的不同，重力透鏡現象可以分為強重力透鏡效應和弱重力透鏡效應。弱重力透鏡被認為是現在宇宙學中最好的暗物質測量方法，藉由對大量背景源像的統計分析，可以估算大尺度範圍天體質量分布。

在觀測宇宙學上還有幾種用來研究暗能量的測量方式。其中最值得注意的是大尺度群聚效應——觀測重子聲波震盪（Baryon Acoustic Oscillations）在物質分布上的印記，以及大尺度結構導致的弱重力透鏡效應（weak-gravitational lensing effect）。這兩種方法透過不同的物理機制研究暗能量：包括藉由角直徑距離（angular-diameter distance）來追蹤宇宙的幾何形狀，以及量測宇宙後期結構成長。上述二種方法探究不同的物理機制，並有不同的系統效應和挑戰；因此將不同方法所獲得的研究結果相互校驗是很重要的。

有趣的是，在諾貝爾物理獎宣布的當天，歐洲太空總署（European Space Agency, ESA）也宣布致力於暗能量研究的歐幾里德（EUCLID）實驗計畫已獲選為下階段的太空任務，預計在2019年發射。台灣方面，天文學家透過國際合作參與建造日本Subaru望遠鏡上的主焦攝譜儀（Prime Focus Spectrograph, PFS），這儀器將能用來進行大規模且精密的星系普查，準確測量暗能量的特性。總之，全球天文學家和物理學家都孜孜不倦地辛勤研究，期望透過各項進行中或提案中的望遠鏡觀測計

畫，揭開暗能量的神祕面紗。毋庸置疑，透過新型地面或太空望遠鏡的發展與普查，人們將能獲知更多關於宇宙及其奧祕成分的事。

參考文獻

1. Riess, A. G. *et al.*, Observational Evidence from Supernovae for an Accelerating Universe, *The Astronomical Journal*, vol. 116: 1009-1038, 1998.

2. Perlmutter, S. et al., Measurements of Omega and Lambda from 42 High-Redshift Supernovae, *The Astrophysical Journal*, vol. 517: 565-586, 1999.

張慈錦、魏韻純：中研院天文所

操控離子及光子——
開啟量子技術的新紀元

文｜張為民、陳泳帆

賀羅徹和溫蘭德因各自發展出量測及操控簡單量子系統
的開創性實驗方法，為超快速量子電腦的實現跨出了第一步，
獲得2012年諾貝爾物理學獎。

大衛・溫蘭德
David J. Wineland
美國
美國國家標準技術研究所
（達志影像授權）

賽吉・賀羅徹
Serge Haroche
法國
法國國家科學研究中心
（©CNRS Photothèque -
LEBEDINSKY Christop）

量子系統是指由原子尺度範圍內（~10^{-10}米）的微小粒子，包括原子本身、電子、光子及其它各種基本粒子，所構成的各種微觀系統。這些物理系統不再滿足古典物理規則，他們的物理現象結合粒子和波動的特性，由量子力學決定。然而，對大多數科學家而言，量子物理仍是一個充滿神祕的世界。雖然量子理論早已在上個世紀20年代中葉就被建立起來，正如著名物理學家費曼（Richard Feynman）曾說：「如果有人認為他搞懂了量子力學，這意味著他根本不懂量子力學」、「保守地說，這世界上沒有人真正懂量子力學」。費曼此一說法的主要依據之一應該是——長久以來，人們無法直接而精確地量測及控制簡單量子系統的量子相干性（quantum coherence）。

　　量子相干性描述量子粒子的波動特性，類似於古典波動系統中，波的相干性由波的疊加所得到，量子相干性是由量子系統的內在結構、描述量子能級的量子態線性疊加所產生。但由於構成量子系統的基本元素極微小，它們對來自周圍環境的影響極為敏感，周圍環境的微小擾動很容易導致量子系統相干性的消失，此現象稱之為量子退相干（decoherence）。因此半個世紀多以來，人們對量子態的精確量測及調控始終無法達成，進一步更普遍認為，由於量子測不準原理，量子態也許根本無法被準確地量測。然而，經過二、三十年的努力，美籍物理學家大衛‧溫蘭德和法籍物理學賽吉‧賀羅徹，分別利用電磁場來捕捉離子及利用原子來捕捉光子，發展出非常精確的、可量測及調控簡單量子系統的量子態實驗方法及技術，獲得了2012年的諾貝爾物理學獎。

● 師徒都獲諾貝爾桂冠

　　溫蘭德1944年出身於美國的威斯康辛州，大學畢業於加州大學柏

克萊分校，隨後前往哈佛大學師從拉姆西（Norman F. Ramsey），並於1970年取得博士學位。他在美國國家標準技術研究所（NIST）進行研究工作至今已達三十七年之久，為該研究所離子存貯（Ion Storage）實驗組的負責人。由於在發展離子阱技術方面取得極為出色的研究成果，溫蘭德於1992年成為了美國國家科學院院士，之後於2007年獲得美國國家科學獎。

在進入國家標準技術研究所物理實驗室之前，溫蘭德在華盛頓大學德梅特（Hans Dehmelt）教授的團隊做了五年的博士後研究。正是從那裡開始，溫蘭德開啟了利用離子阱捕捉單顆離子的實驗研究。值得一提的是，溫蘭德的兩位導師，拉姆西和德梅特分別因原子鐘和離子阱（ion traps）技術的發展，及原子超精細能級的精確量測，與另一位德籍物理學家鮑爾（Wolfgang Paul）於1989年共同獲得諾貝爾物理獎。時隔二十三年後，溫蘭德因將離子阱技術發展到能操控單顆及多顆離子的量子疊加態，為建構超高速量子電腦跨出第一步而獲獎。

賀羅徹1944年出生於摩洛哥卡薩布蘭卡，是法籍猶太人，大學畢業於巴黎高等師範學院，並於1971年自巴黎第六大學獲得物理博士學位，師從1997年諾貝爾物理學獎得主科昂—唐努德日（Claude Cohen-Tannoudji）。賀羅徹從2001年起擔任法蘭西學苑（collège de France）教授，並領導簡單系統量子電動力學實驗室，主要研究領域是原子物理及量子光學實驗，他是空腔量子電動力學（cavity QED）的奠基者之一。

此外，賀羅徹也是法國國家科學研究中心研究員。1960年代由於雷射的發展，使得原子物理及量子光學有了巨大的進展，賀羅徹從1965年開始進行研究，藉由觀察原子與光子的交互作用，奠定了他在量子光學領域的先鋒角色。由於他在量子光學及空腔量子電動力學領域的卓越貢

獻，賀羅徹於1988年獲頒愛因斯坦獎，並於2010年成為美國國家科學院外籍院士。十五年前，賀羅徹的老師科昂—唐努德日，因研究利用光子操控原子（雷射冷卻）的理論與實驗而獲得諾貝爾獎，今日，賀羅徹則因發展原子操控光子的實驗技術並將其應用在量子態的控制與量測上的傑出貢獻，獲得2012諾貝爾物理學獎。

師徒都獲諾貝爾桂冠，堪稱物理科學界的佳話。

◯ 離子阱

離子阱（ion traps）的工作原理，就是利用帶電粒子（離子）與電磁場間的交互作用牽制離子的運動，將離子捕捉在某個小範圍空間內。圖一是一列離子被電磁場束縛在一條線上。離子阱技術的實現可追逆到上世紀50年代，由鮑爾和德梅特各自發展出不同的離子阱，分別稱之為四極離子阱（簡稱為Paul離子阱）和圍檻式離子阱（Penning離子阱），前者利用靜態電場與RF交變電場結合構成一線性或3D的離子束縛阱，而後者由靜態磁場和空間分布不均勻的靜態電場結合來捕捉離子。1973年溫蘭德和德梅特開始探討如何利用離子阱捕捉單顆離子，1980年托薛克（Peter E. Toschek）實驗組利用Paul離子阱首先捕捉到單顆鋇離子（Ba+），而溫蘭德和依搭納（Wayne M. Itano）則在次年利用Penning離子阱捕捉到單顆鎂離子（Mg+）。

到1990年代，因量子電腦的提出，人們開始探討如何調控量子態。利用離子阱操控量子態通常使用Paul離子阱：在低溫下離子阱被量子化，因此離子阱中每個離子具有兩組量子能級，其中一組為離子本身的電子能級，另一組則描述離子在束縛位阱中運動的振動能級，這兩組能級通過吸收及發射光子而耦合起來。藉由不同時序的雷射脈衝來驅動離子，

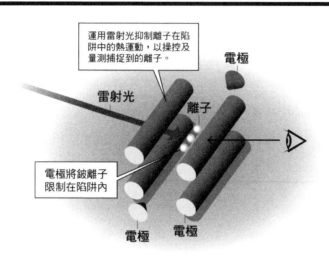

運用雷射光抑制離子在陷阱中的熱運動，以操控及量測捕捉到的離子。

電極

雷射光

離子

電極將鈹離子限制在陷阱內

電極   電極

圖一　在溫蘭德的實驗中，離子阱實驗示意圖，一列鈹離子被電磁場束縛在一條線上。（圖片來源：諾貝爾官方網站）

人們可以準確地控制離子的量子狀態。

　　能夠實現量子態精確調控的一個主要原因是可以通過雷射冷卻（laser cooling），或更精確地說邊帶冷卻（sideband cooling），將離子的振動模降到最低能級，經由脈衝雷射光的激發，使離子的電子狀態處在基態與激發態的一個相干疊加態。再經由一窄頻雷射脈衝驅動離子，將離子的電子相干疊加態轉移為離子的振動相干疊加態。這正是溫蘭德所帶領的實驗組，在1995年帶來由始以來第一次的量子相干疊加態轉移實驗。溫蘭德及其領導的團隊利用上述冷卻捕捉離子的技術，還實現並調控各種各樣由離子及振動模產生的量子態，包括福克態（Fock states）、各種福克疊加態、相干態（coherent states）及熱態。

◎ 空腔量子電動力學

1980年代開始發展的空腔量子電動力學，主要研究當原子被放進一個空腔時，原子的特性如何受到空腔內的光子影響而發生改變，特別是原子的自發輻射（spontaneous emission）。

在量子力學裡，我們已經知道真空電磁場的擾動（vacuum fluctuations），是造成原子自發輻射的原因。早在1946年，哈佛大學的普謝（Edward Purcell），已經在理論上預測兩片具有超高反射率的球面鏡所組成的空腔，能增強特定頻率的真空場強度，可以用來提高原子的自發輻射率。但是這個預測一直要等到1983年，才被賀羅徹的實驗所證實。他在巴黎高等師範學院所領導的研究團隊，首先近乎完美地冷卻了空腔，以降低熱輻射光子的產生，然後將大小比一般原子大約一千倍的雷德堡原子（Rydberg atom，直經約125奈米）射入該空腔中，使雷德堡原子與空腔內的真空場產生交互作用。此實驗首次觀察到自發輻射增強的效應，開啟了空腔量子電動力學實驗的進展，這個在量子光學中著名的效應，現被稱為普謝效應（Purcell effect）。

然而，自發輻射的增強，會使得原子在空腔內的量子重疊態更快速地衰減，所以在量子資訊的應用上，降低自發輻射率反而變成一項更重要的事。要產生自發輻射的抑制效應，必須調整空腔的共振頻率，使其與原子的躍遷頻率不同。實驗上，首次觀察到原子的自發輻射抑制效應是在1985年，由克雷普勒（Daniel Kleppner）在麻省理工學院所領導的研究小組所完成。

在賀羅徹的實驗中，空腔是由兩片具有超高反射率的超導球面鏡所組成（圖二），能將光子侷限在空腔內一段時間。現在他的實驗已經可以

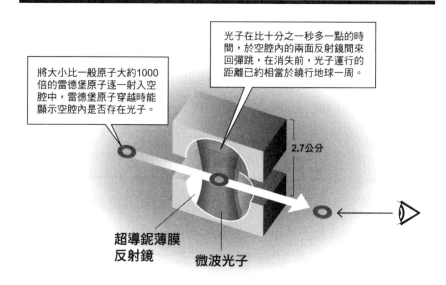

將大小比一般原子大約1000倍的雷德堡原子逐一射入空腔中，雷德堡原子穿越時能顯示空腔內是否存在光子。

光子在比十分之一秒多一點的時間，於空腔內的兩面反射鏡間來回彈跳，在消失前，光子運行的距離已約相當於繞行地球一周。

2.7公分

超導鈮薄膜反射鏡　　微波光子

圖二　在賀羅徹的實驗中，空腔是由兩片具有超高反射率的超導球面鏡所組成，能將光子侷限在空腔內一段時間（約0.13秒），足夠讓此光子繞行地球一圈（約4萬公里）。

將微波光子關在空腔內約0.13秒，這樣的時間已經足夠讓此光子繞行地球一圈（約4萬公里）。這些具有超高反射率的空腔使得實驗得以成功，他的研究團隊藉此來捕捉光子，可說是實現了愛因斯坦在其著名的思想實驗中所提出的「光子箱」原型。另外，值得一提的是，賀羅徹的實驗是作用在微波波段，因其長波長特性的關係，故僅需公分尺寸的空腔，即可觀察到普謝效應，但若要觀察到可見光波段的普謝效應，則需要在更小的微空腔（micro cavity）來進行實驗，這方面的突破主要是由金柏（Jeff Kimble）所領導的研究團隊在加州理工學院所完成。

● 光子非破壞性量測及福克態

　　賀羅徹在1990年首先建議，可藉由觀察通過空腔後原子的波函數相位偏移，得知空腔內的光子數量，並非一定得破壞其光子態才能對其進行量測。實驗上，為了避免原子吸收空腔內的光子，研究員可藉由改變空腔腔長，調整空腔共振頻率，使其遠離原子的躍遷頻率。不過，這個基於空腔量子電動力學的量子非破壞性量測（quantum nondemolition

美籍物理學家溫蘭德，因將離子阱技術發展到能操控單顆及多顆離子的量子疊加態，為建構超高速量子電腦跨出第一步，而獲得2012諾貝爾物理學獎。圖為溫蘭德在美國國家標準技術研究所（NIST）實驗室操作實驗。

measurements）實驗，一直到2007年才被賀羅徹的團隊所實現。賀羅徹在空腔量子電動力學中所發展出來的諸多實驗，使我們得以藉由多次地觀看通過空腔的原子，來持續觀察空腔內的光子態，包括單一光子現象，並證實光子會在所謂的量子跳躍中無預警地消失。

在不破壞空腔內光子態的狀況下，藉由觀察一連串雷德堡原子的波函數相位變化，可以得到空腔內光子數量的訊息，這樣的量子非破壞性量測技術，使賀羅徹的團隊可以進一步篩選出在空腔內不同光子數量的狀態，成功地製備出不同光子數量的福克態，例如單光子即是光子數量為1的一種福克態，此福克態與雷射光的相干態有不同的量子擾動（quantum fluctuations）行為，現今已成為一種廣泛地被量子物理學家所使用的光學量子位元（qubits）。

● 薛丁格貓及退相干的量測

在量子的詭異世界裡，薛丁格貓的弔詭可說是最著名的一個思想實驗。這個弔詭隱含了在量子力學量測理論中一個重要問題，關於巨觀與微觀世界的分野。

在賀羅徹1996年的實驗中，一個處於兩種能量狀態疊加之中的雷德堡原子（微觀系統），會在空腔中與包含多個光子的微波場（巨觀系統）產生糾纏（entanglement），形成一種量子疊加狀態，即所謂的薛丁格貓態（Schrödinger cat state）。藉由改變空腔的共振頻率，賀羅徹研究團隊可以控制雷德堡原子與微波場的交互作用強度，產生薛丁格貓態，並看到了薛丁格貓態的疊加特性隨時間消失，轉變為古典物理定律所描述的狀態。這是量子退相干現象首次被實驗証實，有助於讓人們理解，儘管傳統巨觀世界是由微觀尺度下遵守量子理論的微粒子所構成，然而巨

薛丁格的貓

奧地利理論物理學家薛丁格（Erwin Schrödinger）在1935年提出的一個思考性實驗，用以解釋量子論和實際經驗間的主要矛盾。其論述如下：將一隻貓與一個毒氣裝置放入同一個箱子裡面，毒氣裝置經過特殊的設計，是由放射性的原子核所啟動，如果放射性的原子核產生衰變的話，就會觸發機關，貓咪會因為毒氣而死亡，而原子核有50%的機率會產生衰變。

據量子力學，未進行觀察時，這個原子核處於已衰變和未衰變的疊加態，因此在打開箱蓋前的這段期間，貓處於死與活兩種重疊的狀態中。薛丁格以此類推來解釋量子力學的局限：像原子一樣的量子粒子能同時處於兩種或多種不同的量子狀態，但他也說，由大量原子所組成的物體，例如一隻貓，當然不應該處於兩種狀態中。

觀系統大體上仍能藉由古典的概念來解釋。而溫蘭德領導的實驗組，也在同一年用離子阱方法，實現了離子與振動模間量子糾纏的薛丁格貓態，及在後來的實驗上觀察到相應的退相干現象。

◎ 離子阱量子電腦

在傳統電腦的通訊迴路中，資訊會透過電訊號被編碼成以0或1所構成的位元（bits），然而量子資訊卻使用由量子系統提供的二能級量子態結構，稱之為量子位元（qubits），以0態與1態的疊加存在。由於疊加原理能大大地增加計算通訊的運算量，使得以量子位元運作的機器，即量子電腦，會比傳統電腦更快速地運算。

一台超快速的量子電腦被設想成由N個量子位元所構成，人們可以將最多 2^N 資訊容量同時貯存在由 2^N 組態構成的單個相干糾纏量子態中，

並可以同時進行資訊的超大平行計算。以一台由32個量子位元構成的量子電腦為例，其貯存資訊的容量及處理資訊的速度，將是傳統電腦的幾十億倍。但要真正建構這樣一台量子電腦是極為困難的，最主要的原因是這些提供二能級結構作為量子位元的簡單量子系統，與它們所處的環境擁有不可忽略的交互作用，而使得量子位元狀態的相干性很容易流失（decoherence），導致量子運算無法進行。

離子阱量子電腦是1995年由兩位奧地利物理學家希拉克（Juan I. Cirac）和左勒（Peter Zoller）提出來的。將N個離子捕捉在一線性離子阱中，用每個離子的二個超精細結構能級（hyperfine structure）來編碼一個量子位元，離子的超精細能級在低溫下對環境不太敏感，而利用邊帶冷卻又能將離子的振動態調在基態，這使得環境對量子位元的影響被降到最小。這樣利用前面描述的藉由不同時序的雷射脈衝來驅動離子，溫蘭德與他的團隊於1995年首次實現了離子的電子態與離子的振動態之間的控制邏輯閘（Controlled NOT gate, CNOT）。2003年奧地利的布拉特（Rainer blatt）和他的合作者進一步實現了兩個離子間的CNOT操作。今天，人們已經能夠利用離子阱，進行多達十四個量子位元間的一系列邏輯閘及量子協定（protocols）的操作，距離建構真正的量子電腦又進了一步。

● 超精準的光學鐘

時間是決定所有物理現象的兩個基本物理度量之一，更是實驗上進行精確量測之關鍵。溫蘭德的導師拉姆西，六十多年前發明了一種分離的振盪場方法，並應用到銫（Cesium）原子鐘上，從而確定了今天國際通用的時鐘刻度的標準。它是由銫原子內核自旋與電子間的交互作用，

產生的兩個極為接近的超精細能級的躍遷頻率所決定，其躍遷頻率為每秒9,192,631,770次，即一秒鐘定義為銫原子振盪9,192,631,770次的時間，精度約為 10^{-15}。

然而，銫原子超精細能級的躍遷頻率為微波波段，溫蘭德利用離子阱發展了一種稱之為量子邏輯光譜儀（quantum logic spectroscopy）方法，並用來確定在光波波段內的單顆離子（Al^+ 的 $^1S_0 \rightarrow {}^3P_1$）的躍遷頻率，每秒振盪次數可達112,115,393,207,857次，其精度更可低於 10^{-17}，從而得到了比銫原子鐘的精度高一百倍的光學鐘。換句話說，如果以光學鐘來記錄從140億年前宇宙大爆炸開始到現在的時間，其誤差大約只有5

法籍物理學家賀羅徹，因發展原子操控光子的實驗技術、並將其應用在量子態控制與量測上的傑出貢獻，而獲得2012諾貝爾物理學獎，圖為賀羅徹與其在法國國家科學研究中心（CNRS）實驗室設備。

秒。因此光學鐘未來可望取代原子鐘，成為新的國際時鐘刻度標準，並對基礎科學及應用，包括愛因斯坦的相對論效應，及我們日常生活中用到的衛星導航系統（GPS），提供更精準的時間量測。

◉ 量子技術的新紀元

其實，今天人類的日常生活，早已充滿因量子物理直接或間接帶來的各種技術的影響。我們每天所用的各種電信設備的核心元件，由半導體晶片構造。半導體元件的工作原理，就是建立在半導體材料的量子能級結構上，半導體材料特有的能級結構，使人們能夠調控電子的各種不同輸運狀態，製造各種不同的半導體元件。同樣地，各種新穎的光電元件是由其不同的發光機制所構成的，而不同材料的發光機制是由材料的量子能級結構所決定的。

如果我們要到醫院去檢查身體，各種現代醫療設備或多或少應用了量子原理，例如用於人體驗測的磁振造影機（MRI），其工作原理是核磁共振現象（NMR），一種調控核自旋的量子技術。另外，廣泛應用於各種材料研究的掃描穿隧顯微術（STM）是建立在量子力學的電子穿隧原理上。然而，這類量子技術並沒有應用到量子物理最本質的現象，即量子態的相干疊加性和糾纏性。

隨著量子態精確量測技術的發展，量子態的可控性將被逐步發掘出來，以量子態的相干疊加性和糾纏性為基礎的新一代量子技術會被發展起來。這樣，超快速量子電腦的夢想終有一天會成真，而更安全的量子通訊技術已快被實現，科幻般的量子隱形輸運（quantum teleportation）可能在現實生活中出現。可以期待，一個全新的量子技術及量子工業時代將會到來。

參考資料

1. Brune, M. *et al.*, Quantum Nondemolition Measurement of Small Photon Numbers by Rydberg-atom Phase-sensitive Detection, *Phys. Rev. Lett.*, Vol. 65:976-979, 1990.

2. Monroe, C. *et al.*, Demonstration of a Fundamental Quantum Logic Gate, *Phys. Rev. Lett.*, Vol. 75: 4714-4717, 1995.

3. Brune, M. *et al.*, Observing the Progressive Decoherence of the "Meter" in a Quantum Measurement, *Phys. Rev. Lett.*, Vol. 77:4887-4890, 1996.

4. Gleyzes, S. *et al.*, Quantum jumps of light recording the birth and death of a photon in a cavity, *Nature*, Vol. 446:297-300, 2007.

5. Blatt, R. and Wineland, D., Entangled states of trapped atomic ions, *Nature*, Vol. 453:1008-1015, 2008.

6. Rosenband, T. et al., Frequency Ratio of Al+ and Hg+ Single-Ion Optical Clocks; Metrology at the 17th Decimal Place, *Science*, Vol. 319:1808-1812, 2008.

張為民、陳泳帆：成功大學物理系

把「光子」變重了——
基本粒子的質量起源

文｜侯維恕

理論物理學家布繞特、盎格列與希格斯的數頁推演，
揭開了長達半世紀之久的史詩，搜尋所謂的神之粒子，
因而獲頒2013年諾貝爾物理獎。

羅伯・布繞特
Robert Brout
比利時
布魯塞爾自由大學

方司瓦・盎格列
François Englert
比利時
康乃爾大學、
布魯塞爾自由大學

彼得・希格斯
Peter Higgs
英國
愛丁堡大學、
倫敦帝國學院

© The Nobel Foundation Photo: Alexander Mahmoud

對一般人而言，「質量從哪裡來？」似乎問得不著邊際，但對於粒子物理學家卻是一個最深刻的問題。方司瓦・盎格列與他已過世的同事羅伯・布繞特，以及彼得・希格斯，在1964年分別提出理論，說明何以能讓傳遞作用力的粒子變得有質量，以至於弱作用力可以與電磁作用力融合為「電弱作用」。這個通稱希格斯機制的理論發現，今後的正式名稱將是「BEH機制」，以紀念無緣獲獎的布繞特。

諾貝爾物理委員會今年所引用的得獎理由，是歷來最長的。除了盎格列與希格斯獲獎是因為「理論上發現一種有助我們了解次原子粒子質量起源的機制」，更強調「所預測的基本粒子最近被歐洲核子研究中心大強子對撞機的ΛTLΛS和CMS實驗找到，因而獲得證實」。這便是大家近來耳熟能詳的希格斯粒子，俗稱「神之粒子」。超導環場探測器（A Toroidal LHC Apparatus, ATLAS）與緊湊緲子螺管偵測器（Compact Muon Solenoid, CMS）實驗於2012年7月4日在歐洲核子研究組織（CERN）宣布「找到了！」質量約126 GeV/c²（基本粒子質量單位，GeV為10億電子伏特，c為光速），在鉋與銀原子質量之間。這兩個實驗，台灣都有參加，而花了近五十年才找到的這顆上帝粒子，終於完成了粒子物理標準模型的最後一塊拼圖。盎格列與希格斯也在發現一年後，分別以八十一及八十四歲高齡得到了期待已久的榮譽。

◉ 從實驗發現到理論得獎

2013年7月歐洲高能物理大會在瑞典斯德哥爾摩舉行，歐洲物理學會特別將2013年「高能與粒子物理獎」頒給ATLAS及CMS實驗，理由是：發現一顆希格斯粒子，與布繞特—盎格列—希格斯機制所預測的相符。此獎也同時頒給ATLAS實驗的第一位發言人葉尼與CMS實驗的頭

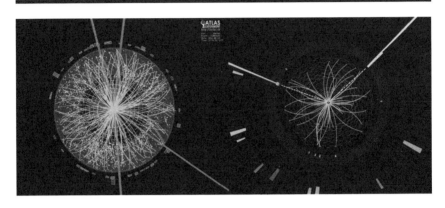

圖一　希格斯粒子的實驗發現：左為 ATLAS 實驗所記錄的一個 H→μ⁺μ⁻μ⁺μ⁻ 的「四渺子」事例，右為 CMS 實驗所紀錄的一個 H⁰→γγ 的「雙光子」事例。（圖片來源：CERN）

兩位發言人戴拉內格拉及弗迪以表彰三人的貢獻。筆者本身以及台大也參與了 CMS 實驗，算是沾了邊，但這兩個實驗分別有約三千人參與，在台灣還有中大參與 CMS、中研院參與 ATLAS。布繞特、盎格列與希格斯則早在 1997 年便已榮獲此獎。從諾貝爾委員會已將歐洲核子研究中心 CERN 及 ATLAS 與 CMS 的貢獻寫在得獎理由裡，參考過去 1979、1984 及 1990 年的類似用語，將來是不會有「發現一顆希格斯粒子」的諾貝爾獎頒給實驗了。

　　但這畢竟是高能物理界的盛事，CERN 對此非常重視，其蛛絲馬跡可說就是在「發現一顆希格斯粒子」的用字裡。當 2012 年 7 月 4 日宣告發現「似希格斯粒子」，便是在 CERN 舉行。但當時應是已過了諾貝爾委員會的評選時程，所以雖有期待，卻獎落別家。2013 年 3 月在義大利阿爾卑斯山區舉行的冬季粒子物理大會中，ATLAS 與 CMS 實驗分別報告了對

圖二　盎格列（左）與希格斯（右）於2012年7月4日ATLAS及CMS實驗宣布發現新粒子的CERN現場。（圖片來源：CERN）

新粒子性質的檢測結果，與標準模型希格斯粒子的預期相符，因此實驗及理論的總結報告者均認為可以將「似」希格斯粒子改稱「一顆」希格斯粒子了，CERN也趕緊同步在網頁上作此宣告。筆者當時聽說後略感詫異，戲稱一定是諾貝爾委員會的短名單日期要截止了。

　　到了斯德哥爾摩歐洲高能物理大會，果不期然，「一顆希格斯粒子」進入ATLAS與CMS的得獎理由。

　　那麼為何這個發現與得獎這麼有張力呢？讓我們從2008年的物理獎得主南部陽一郎（Yoichiro Nambu）說起，把時間拉回到1960年前後。

● 超導理論到自發對稱性破壞

南部陽一郎因「發現次原子物理的自發對稱性破壞機制」獲得諾貝爾獎，這個貢獻正是盎格列與希格斯工作的起頭，而他的諾貝爾演講初稿提供了不少軼聞。

專攻粒子物理的南部在東京大學受教育時接觸過固態物理。1957年他已在芝加哥大學任教，聽了一個令他困惑的演講。當時還在做研究生的施瑞弗（Robert Schriefer）主講尚未發表的BCS超導理論（1972年諾貝爾物理獎）。令南部困惑的是，BCS理論似乎不遵守電荷守恆。但南部為他們的精神所動，開始尋求瞭解問題之所在。在BCS理論裡面，電子與電子間藉交換聲子而形成所謂的「古柏對」（Cooper pair），在低溫時古柏對的玻色子性質可以形成「玻色－愛因斯坦凝結」（Bose–Einstein condensation或BEC）成帶電超流體，因而出現超導現象。但古柏對凝結態本身帶電荷，也就是前面所說的不遵守電荷守恆。南部花了兩年的時間才弄清楚，寫文章釐清規範不變性如何在BCS理論中維繫。物理學裡守恆律對應到特定的不變性，而規範不變性對應到電荷守恆，所以規範不變性被維繫著也就意味電荷守恆並沒有真正被破壞掉。南部指出維繫規範不變性的乃是一種無質量激發態，這個激發態與超導體中的電磁場結合成所謂的電漿子，可以解釋實驗上看到的麥斯聶效應（Meissner effect）。

南部以深度思考著稱，故假如前面偏理論性的描述使你感到迷惑，敬請不要介意。讓我們換一個角度就麥斯聶效應說明。此效應為1933年所發現，基本上說就是磁場不能穿透超導體；當磁場進入超導體，經過些許距離後便遞減消失（該距離稱為「倫敦穿透距離」，London penetration depth）。而之所以如此，乃是前述所謂的電漿子在超導體中行進

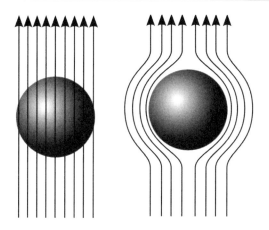

圖三　麥斯聶效應示意圖。當低於臨界溫度時，磁場線將被超導體所排斥。

時變成有質量的，因此跟一般的庫倫力不一樣，跑一段距離就沒有作用了。所以呢，熟知多年的麥斯聶效應其實就是我們所要討論的希格斯或BEH機制。

● 金石定理的桎梏與安德森猜想

南部的洞察稱為自發對稱性破壞，也就是說對稱性不是給硬生生破壞掉了，乃是乍看之下好似破壞了，但其實仍微妙的維持著。這個機制本身十分吸引人。在南部的工作中，已注意到一種無質量粒子伴隨著自發對稱性破壞。高德史東（Jeffrey Goldstone）在讀了南部1960年的論文後，為文引入純量場、所謂的「墨西哥帽」位能場（希格斯喜歡稱之為「葡萄酒瓶」位能場），可以相當容易的探討類似超導體的自發對稱性破壞現象。這個位能場如圖所示，的確讓我們不用公式就可以大致體會何

謂自發對稱性破壞。酒瓶位能場沿著「酒瓶」的軸具有旋轉不變性，但這個「位能」的最低點不是在凸起的 $\varphi = 0$ 中央點，乃是在一整圈 $\varphi \neq 0$ 的「瓶底」。選擇落在任一 φ 的值（稱為「真空期望值」$<\varphi>$，因為真空對應於最低能量狀態），原來的旋轉不變性就沒有了。這個「選擇」就是自發對稱性破壞，被破壞掉的是沿軸旋轉的對稱性。然而試想在所「選擇」的 φ 值沿瓶底凹槽推一下，將毫無「阻力」，與沿著瓶底凹槽的垂直方向推一下有位能阻力不同。因此，沿著自發破壞掉的旋轉方向有一顆沒有阻力、即慣性或「質量」為零的激發態。這個激發態也就是一顆粒子，稱為「南部－金石粒子」。

　　高德史東推測這個無質量粒子的出現，應是自發對稱性破壞的普遍

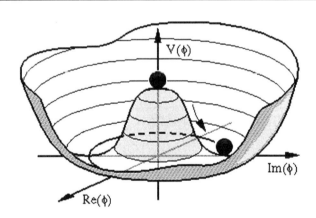

圖四　純量場 φ 的「葡萄酒瓶」或「墨西哥帽」位能場，最低能量狀態不在 $\varphi = 0$，而是在 $\varphi \neq 0$ 時，選任一 φ 值便是自發對稱性破壞。試想圖中的小球，沿著「瓶底」（雙箭頭虛線）推一下無阻力，對應零質量金石粒子，但沿著黑箭頭推一下的阻力或慣性便是希格斯粒子質量。

現象，與他所使用的特殊位能場無關。經由兩位理論高人的加持，這個猜想在1962年成為所謂的「金石定理」（Goldstone theorem；Goldstone 在此譯作「金石」更顯其意涵），也就是在任何滿足羅倫茲不變性的相對論性理論裡，任何被自發破壞掉的對稱性必有伴隨的無質量粒子。這兩位高人便是後來因電弱統一理論獲1979年諾貝爾獎的薩蘭姆（Abdus Salam）與溫伯格（Steven Weinberg）。

金石（不毀！）定理的成立，為粒子物理界帶進一些肅殺之氣，因為南部的迷人想法，恐怕無法應用到相對論性的粒子物理。無質量粒子當以光速前進，實驗上很容易找到，但顯然查無實據。

在粒子物理學家摸摸鼻子，繼續與1960年代的困境奮鬥時，倒是一位凝態理論家抓到了契機。受了1962年施溫格（Julian Schwinger，與費因曼和朝永振一郎因量子電動力學可重整化的工作同獲1965年諾貝爾物理獎）一篇討論質量與規範不變性的文章啟發，安德森（Philip Anderson，因凝態理論獲1977年諾貝爾物理獎）在1963年為文剖析了在超導體中電漿子如何等價於光子獲得質量，並宣稱南部類型的理論「應當既無零質量楊－密爾斯規範玻色子問題、也無零質量金石玻色子困難，因為兩者應可對消，只留下有質量的玻色子。」

我們一會兒再說明楊－密爾斯規範粒子，但可以預見地，安德森的猜想並沒有在粒子物理界造成甚麼漣漪，因為他用非相對論性的超導體來推想相對論性理論的性質，無法得到認同。幾乎唯一的迴響，來自韓裔美國人李輝昭（Benjamin W. Lee）與他當年指導教授克萊恩（Abraham Klein）在1964年初的文章，以及基爾伯特（Walter Gilbert）的反駁。克萊恩與李輝昭分析說，超導體存在一特殊坐標系，那麼相對性理論呢？而基爾伯特隨即反駁說，在相對性理論中當然不可能有特殊

坐標系。這樣講當然過於簡化，但李輝昭與克萊恩並未答辯，而基爾伯特顯然絕頂聰明，因為該年他便從粒子物理助教授升為生物物理副教授，轉而研究生物化學，從而獲得1980年諾貝爾化學獎！

○ 楊－密爾斯規範粒子

我們暫且岔開一下，來談談楊—密爾斯規範場論。

1932年查兌克發現中子，其質量與質子非常接近。海森堡將 $m_n \cong m_p$ 類比於電子（或質子）的等質量自旋二重態，提出同位旋（Isospin, I）的概念，認為質子與中子為 I = 1/2 的同位旋二重態。湯川秀樹所提出的次原子粒子「π介子」則因為有 π^+、π^0、π^- 三顆且質量相近，因此同位旋為1。後續的實驗研究發現這個同位旋在強作用中是守恆的。楊振寧先生注意到這樣的守恆律與電荷守恆的相似性，因此思考將此相似性推進一步。前面已提到電荷守恆對應到規範不變性，這個規範不變性人們已知道是 U(1) 么正群。而同位旋則是一個 SU(2) 特殊么正群。楊振寧與密爾斯（Robert Mills）將同位旋的 SU(2) 群與電荷的 U(1) 群類比，得到同位旋的規範場論。這個理論架構非常吸引人，但有一個罩門：類比於電磁學的單顆光子，同位旋規範場論應當有三顆無質量同位旋規範粒子，但顯然在自然界中不存在。然而，若在方程式裡放進一個質量項則會破壞規範不變性，亦即同位旋守恆。據楊先生自己說，1954年2月他在普林斯頓高等研究院給演講，剛寫下含同位旋規範場的方程式，當時在高等研究院訪問的大師鮑立（Wolfgang Pauli）隨即問道「這個場的質量是多少？」幾番追問下，楊先生講不下去，只好坐下，靠歐本海默（Robert Oppenheimer）打圓場才得講完。在發表的論文裡，楊與密爾斯也坦承這個問題的存在。

這就是安德森所說的零質量楊－密爾斯規範玻色子問題。就像光子，所有的規範場論粒子都是自旋為1的玻色子。同位旋SU(2)是與自旋的旋轉類比。你可以很容易檢驗，沿著兩個不同的軸的旋轉，其結果與先後次序有關，因此是所謂的「非阿式」或Non-Abelian，意為規範轉換是不可交換的。但電磁學的么正U(1)轉換只是乘上一個大小為1的複數，而乘兩個複數的結果與先後次序無關，是可交換的，稱為阿式或Abelian規範場論。

◉ 盎格列─布繞特機制

盎格列與布繞特在1964年8月底於《物理評論通訊》(*Physical Review Letters, PRL*)刊出一篇論文，奠定了歷史地位。沒有跡象顯示他們知曉安德森的猜想，但他們同樣是受了施溫格的啟發，也熟悉金石定理。

布繞特生於紐約，1953年獲哥倫比亞大學博士，1956年起在康乃爾任教，專攻統計力學與相變。盎格列於1959年從布魯塞爾自由大學獲博士學位後，到康乃爾做布繞特的博士後研究。兩人共同的猶太人背景，很快結下了有如兄弟般的終身友誼。事實上，當盎格列於1961年返回布魯塞爾時，布繞特竟辭去康乃爾的教職，舉家遷往布魯塞爾，可以說是與盎格列共同開創了布魯塞爾學派，他最終也入籍比利時。

這兩人是怎麼切入的呢？據希格斯轉述，布繞特1960年在康乃爾聽過著名理論物理學家魏斯考夫(Victor Weisskopf)的演講，聽到他說「當今的粒子物理學家真是黔驢技窮了，他們甚至要從像BCS這樣的多體理論支取新的想法。或許能有什麼結果吧。」似乎指的是南部的想法，卻也突顯了所抱持的懷疑態度。但或許受此導引，布、盎二人欣賞南部以場論角度分析超導的工作，因而將自發對稱破壞應用在布繞特熟悉的相變

化問題。

後來施溫格提議在有交互作用的情形下，規範粒子或可不破壞規範不變性而獲得質量。盎格列與布繞特轉而探討規範場論的情形。他們其實在1963年就已得到了可以讓規範粒子獲得質量的結果，但因似乎違反金石定理，兩人又不是相對論性場論專家，因此以為有什麼錯誤，遲遲沒有發表。最後他們藉所謂的純量電動力學討論清楚，當規範粒子因自發對稱破壞獲得質量時，正是藉無質量的金石玻色子的傳遞來維持規範不變性。他們將這個結果從U(1)的電動力學推廣到楊－密爾斯規範場論，發現結論不變：對稱性若自發破壞則其規範粒子獲得質量、但對稱性仍被金石粒子維持著；而未被自發破壞的對稱性則仍有對應的無質量規範粒子。他們的文章在1964年6月下旬投出，兩個月後發表。

○ 希格斯機制

希格斯於1954年獲頒倫敦國王學院物理博士，研究的是分子物理。拿到學位後，他在愛丁堡大學從事過兩年研究，回倫敦大學待了三年多後，於1960年再回愛丁堡大學落腳。他是1956年在愛丁堡大學時，開始轉離分子物理研究。總體而言，他的著作不多。

希格斯到愛丁堡任教的部份職責是從學校的中央圖書館收納期刊，登錄後將其上架。1964年7月中，他看到了一個月前登在 *PRL* 的基爾伯特論文，否定克萊恩與李輝昭的提議，認為相對論性理論必然無法逃避金石定理。但希格斯心中隨即反駁：在規範場論中因為處理規範不變性的操作細節，是可以出現不違反規範不變性的「特殊坐標系」而能逃避金石定理的。一個禮拜後，他便投出一篇勉強超過1頁的論文到當時位在CERN的《物理通訊》（*Physics Letters, PL*），於9月中刊出。這個極短篇

純為反駁基爾伯特而寫，既未引述南部也未提到安德森，除了克萊恩—李輝昭與金石定理外，只引用了一篇施溫格的電動力學論文。

希格斯在 PL 論文投出時就明白應當怎麼做：將自發對稱性破壞用在最簡單的 U(1)，亦即純量電動力學。這個做法與盎格列和布繞特如出一轍。這也難怪，因為純量電動力學是最簡單的規範場論。PL 論文投出後一個禮拜，他投出第二篇論文，沒想到卻被 PL 拒絕，或許是因為這篇文章與前文相差不到一個禮拜而仍只有 1 頁吧。然而希格斯卻因禍得福。他將論文略為擴充，說明這樣的理論是有和實驗相關的結果，亦即有新粒子，在 8 月下旬投遞到 PRL，於 10 月 19 日發表。這多少是希格斯粒子命名的由來。

在希格斯的 PRL 論文裡，他說明哪些規範粒子獲得質量，而這些粒子的縱向自由度在作用常數歸零時回歸為金石玻色子，亦即在規範作用力消失時，獲得質量的規範粒子「分解」為零質量的楊–密爾斯規範玻色子及零質量的金石玻色子。希格斯的總體討論也與目前教科書的初步討論類似，就是在對稱性自發破壞、也就是「真空期望值」$<\varphi>$ 出現後，將純量場的兩個分量分別作小角度震盪，則可藉規範轉換將金石玻色子吸收在新定義的一個規範場裡，而這個新的規範場是有質量的，質量是規範作用常數與 $<\varphi>$ 的乘積。但希格斯還討論了剩餘的一顆純量粒子也是有質量的，質量是純量位能的二次微分與 $<\varphi>$ 的乘積。希格斯還略述了如何保留光子為無質量，又申明在一般情形下，不論規範粒子或純量粒子在對稱性自發破壞的情況下都會呈現不完整的多重態。希格斯不止一次強調伴隨粒子的出現，因此稱這些為希格斯粒子實不為過。

另外，期刊的審閱者雖然接受了他的論文，也告訴他盎格列與布繞特的文章在他自己的文章寄達 PRL 的時後差不多已發表。因此希格斯還

加了一個蠻長的註解來加以比較。文章雖只有一頁半，言簡卻意賅。

不論盎格列和布繞特或希格斯都還有後續文章衍伸他們的結果。

● BEH 機制的歷史註腳

盎格列、布繞特及希格斯在 1964 年時均三十來歲。令人驚訝的是，在當時的蘇聯，兩位不到十九歲的大學生米格道（Alexander Migdal）與包利亞可夫（Alexander Polyakov）也得到類似的想法，在 1964 年便寫成文章，但因為內容跨越凝態與粒子的疆界，得不到粒子領域「高層」的認同，直到 1965 年底才得到允許投遞論文，其後又繼續受到期刊論文審查人的糾纏，在蘇聯發表時已是 1966 年。這篇論文講明若規範場論遇上自發對稱性破壞，則規範粒子變成有質量，而無質量金石粒子不出現在物理過程中。

另外三位落選的諾貝爾獎貢獻者為辜柔尼克（Gerald Guralnik）、黑根（Carl Hagen）與基布爾（Thomas Kibble），前兩位都是美國人，當時都在基布爾任職的倫敦帝國學院訪問。他們的文章到達 PRL 時，希格斯的文章已幾乎刊出，而他們在投出前便已獲悉盎格列－布繞特及希格斯的文章，因此也忠實地在該引用的地方就引用。這篇文章也許更完整，但衡諸兩位年輕俄國人的遭遇，也就沒有甚麼好說的。2010 年美國物理學會將櫻井獎（Sakurai prize）頒給了這六人，但其他國際獎項，則都只有頒給盎格列、布繞特及希格斯。到了 2013 年諾貝爾獎，布繞特已過世，諾貝爾委員會也沒有在三人中挑一人補上。

● 1960 年代的困境與標準模型湧現

我們現在擁有的粒子物理標準模型，是所謂的 SU(3)×SU(2)×U(1)

的規範場論，在1970年代定調。但在混亂的1960年代，雖然U(1)或阿式規範場論架構的量子電動力學（QED）極為成功，然而場論的路線卻被懷疑是行不通的、標準模型在當時還子虛烏有、連夸克的存在都沒有被普遍接受⋯⋯。

最近的一些文宣，常把盎格列、布繞特及希格斯三人描述成想要解釋宇宙及質量之源云云。筆者自己在唸書時標準模型已然當道，也是把這幾個人看成神之人也，及至見了面才知他們也是常人。他們當然可能有做了重要工作的興奮，但在當時他們是在布魯塞爾及愛丁堡這種偏離核心的地方從事不被認為主流的場論工作，三人甚至算不上場論專家。因此，盎格列及希格斯得獎後都呼籲應該更重視像他們當年這樣不講目的、純為滿足好奇心的研究。

1960年代的混亂，一大部分原因是1950年代以來發現了太多與強作用力相關的「基本粒子」，讓人難以招架。楊─密爾斯理論雖美，但規範粒子質量問題無法解決，這卻也只是強作用種種問題的一環而已。但若撇開強作用粒子，將視野侷限在較簡單的類似電子的「輕子」，那麼輕子的弱作用仍讓人費解。其實，在1961年葛拉曉（Sheldon Glashow）便已在施溫格指引下，提出弱作用在概念上可以與電磁作用做SU(2)×U(1)的統一。但在實質面則問題仍是弱作用的規範粒子極重、光子卻無質量，兩個理論要如何調和？事實上更根本的問題是：非阿式規範場論是否可重整？可確實計算嗎？

當年盎格列、布繞特及希格斯腦中都盤桓著強作用力、楊─密爾斯理論與質量問題，而錯失了在弱作用的應用。到了1967年，前面提過的溫伯格與薩蘭姆分別將BEH機制應用到葛拉曉的SU(2)×U(1)電弱統一場論，卻也沒有立時翻轉天地。但1969年深度非彈性碰撞透析了質子的

內部結構（1990年諾貝爾獎），加上1970年拓弗特（Gerard 't Hooft）與維爾特曼（Martin Veltman）證明了非阿式規範場論的可重整性（1999年諾貝爾獎），導致數年後強作用非阿式規範場論的突破（2004年諾貝爾獎）、因而建立以SU(3)為規範群的量子色動力學（QCD），以及三代夸克的提出（也是2008年諾貝爾獎），標準模型的SU(3)×SU(2)×U(1)動力學及伴隨的物質結構終於在1970年代建立。葛拉曉、溫伯格與薩蘭姆則因1978年史丹佛精密實驗的驗證而獲1979年諾貝爾獎，而電弱作用藉BEH機制所預測的極重 $W^\pm$ 及 Z^0 規範粒子也於1983年在CERN發現（1984年諾貝爾獎）。

○ 神之粒子的追尋

1970年代後期人們開始關切希格斯粒子的實驗驗證，因為它是標準模型必要又神秘的環節。但希格斯粒子的質量，是希格斯純量場的自身作用常數與＜φ＞的乘積，理論本身沒有預測，替實驗的搜尋增添極大的困難。有一點必須附帶一提：BEH機制原本探討的只是自發對稱性破壞所產生的金石粒子如何與楊－密爾斯規範粒子密切結合（俗稱「被吃掉」）而成為重的規範粒子，但1967年溫伯格大筆一揮，提出物質粒子（夸克與輕子）的質量也可藉希格斯純量場的真空期望值＜φ＞產生，因此希格斯粒子的責任可大了，是基本粒子的質量之源。

為何會稱為上帝粒子？這是出自1988年物理獎得主雷德曼（Leon Lederman）的手筆。美國在1983年通過興建周長87公里、質心能量40兆電子伏特（TeV）的超導超能對撞機SSC，希望自歐洲爭回粒子物理主導權，首要目標便是尋找希格斯粒子，而雷德曼是推手。他在1993年出了一本名為《上帝粒子》的科普書，書中詼諧的說「為何叫上帝粒

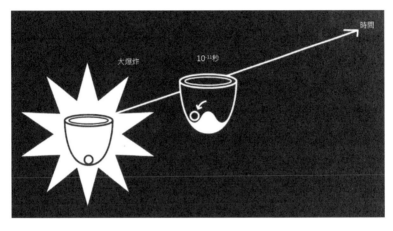

圖六　是否真有一個充斥全宇宙的「場」，到了 10^{-11} 秒對稱性破壞，以致基本粒子都獲得質量？

子？原因有二，其一因為出版商不讓我們叫它『神譴粒子』（Goddamn particle，『該死粒子』），雖然以它的壞蛋特性及造成的花費，這樣稱呼實不為過……」。可惜出書未久，在耗費十年 20 億美金之後，美國把 SSC 計畫取消了，拱手讓出主導權。CERN 在 1994 年正式通過大強子對撞機 LHC 計畫。

　　自 1980 至 1990 年代，日本 KEK 實驗室、德國電子加速器中心（DESY）、史丹佛加速器中心、CERN、費米實驗室都直接搜尋過希格斯粒子，而精確電弱測量（包括 W 衰變率與頂夸克質量）的實驗結果間接指向蠻輕的希格斯粒子。CERN 在 1990 年代末把 LEP 正負電子對撞機能量向上調到 200 GeV 上下，看到些許徵兆，但四個實驗之間有爭議。CERN 在 2000 年底毅然終止 LEP 的運轉，開始在 27 公里周長的 LEP 隧道

本文作者侯維恕教授於2013年7月於斯德哥爾摩與希格斯合影。（中央大學郭家銘教授提供）

中興建LHC。

　　2008年9月LHC初次運轉出了重大事故，以致延宕逾年。這使得在費米實驗室的Tevatron（對撞能量2 TeV）工作的實驗家加緊尋找，因為較輕的希格斯粒子，他們不是全無希望。但LHC將能量自14 TeV降到7 TeV，自2010年3月以來運轉出奇的好，使得Tevatron在2011年9月關機。到了12月，ATLAS及CMS實驗已在125 GeV/c^{2}附近看到徵兆，終於在2012年7月宣布發現，但當年卻未獲獎。除了前述1999—2004—2008的時間序列指標外，前面已提過2013年3月在義大利的粒子物理冬季會議中，參與的物理學家共同宣稱不再是「似」希格斯粒子而是「一顆」希格斯粒子（或許還有更多），明顯是為得獎鋪路。

◎ 後語

找到了神之粒子，接下來呢？這是個新的開始，還是一個結束？

自南部把自發對稱性破壞引入粒子物理已超過半個世紀，BEH機制的突破也差不多有那麼久，標準模型的建立已四十年，而弱作用粒子$W^{\pm}$及Z^0實驗發現也已三十年。我們好像只有驗證標準模型的正確性，而沒有找到超越或解釋標準模型的「新物理」，期待了三十年的超對稱（super-symmetry）也不見蹤影。

真有一個「場」自起初就充斥全宇宙，在大爆炸時是對稱的，但到了10^{-11}秒對稱性因溫度下降自發地破壞，以致基本粒子都獲得質量？真是神奇啊！讓我們用「神譴粒子」當作一個隱喻：這個追尋了半個世紀之久的滑溜傢伙，其實帶入了無數問題。它是天字第一號的基本純量粒子；不知為何在我們更熟悉的QED或QCD裡，卻沒有帶電荷或色荷的基本純量粒子；也許以後會發現吧。基本純量粒子本身，以及這顆126 GeV/c^2質量的希格斯粒子，帶進「層階」、「真空穩定性」及「自然嗎」等深沉問題。比較直觀的麻煩則是溫伯格所帶入的費米子質量問題：費米子質量藉希格斯粒子產生究竟是出自偶然還是「設計」？若是後者，那為什麼九顆帶電費米子以及伴隨的夸克混和共要十三個參數？而不帶電荷的極輕的微中子質量又從何而來？暗物質是基本粒子嗎？它的質量又從何而來？

這些都是人類在繼續追尋的「本源」問題。

侯維恕：台灣大學物理學系

藍光LED掀起照明的新頁

文│方牧懷、劉如熹

相較於傳統的日光燈與白熾燈泡，LED不僅體積小、環保、省電，
壽命更長達十萬小時，現今環保意識與節能觀念逐漸提升，
發光二極體已躍升為21世紀照明與顯示器之新光源，
2014年諾貝爾物理獎表彰三位致力於藍光LED研究的科學家。

赤崎勇
Akasaki Isamu
日本
名城大學、名古屋大學

天野浩
Amano Hiroshi
日本
名城大學、名古屋大學

中村修二
Shuji Nakamura
日裔美籍
加州大學聖塔芭芭拉分校

夕陽西下，一盞盞發光二極體（light-emitting diode, LED）路燈漸漸亮起，下班後擁擠的捷運車廂裡，人們滑著手上的智慧型手機，繁華的街道上，五光十色的LED招牌炫麗的閃著，這些場景對一般人來說，也許再平凡不過，但可曾想過，在1990年代以前，LED僅用作指示燈。然而1993年一項革命性的發明，使LED領域跨入新的世代，即「藍光LED」的誕生。

赤崎勇、天野浩與中村修二教授致力於藍光LED的研發，並以氮化鎵（GaN）為材料成功合成藍光LED，不久後，白光LED也隨著問世。

○ 發光二極體

發光二極體，其為一種以半導體材料製成的發光元件，包含p型（三價元素摻雜）半導體與n型（五價元素摻雜）半導體，以矽半導體元件為例，p型半導體因摻雜的元素較矽元素缺電子，故主要導電粒子可視為帶正電荷的電洞；而n型半導體因摻雜的元素較矽元素具有更多電子，故主要導電粒子為帶負電荷的電子。於元件兩側施加正向偏壓時，會產生電子與電洞，當電子與電洞結合時，能量以光的形式釋出，屬於電致發光，而放光的波長、顏色與所使用的半導體材料、摻入主體材料的元素有關（圖一）。

LED最早起源於1961年，美國德州儀器公司發展以磷化銦鎵（InGaP）材料合成的LED，其放光波長範圍為近紅外線。1962年，奇異公司發展以磷化鎵砷（GaAsP）為材料的紅色發光二極體，因其轉化效率差且放光波長遠離可見光範圍，因此未被廣泛應用，僅用作指示燈。1991年，美國HP公司與日本東芝公司研發以磷化鋁鎵銦（AlGaInP）材料之綠色發光二極體，然而，缺少藍光LED，就無法以藍、綠與紅三種

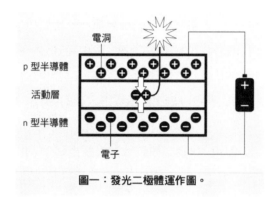

電洞

p 型半導體

活動層

n 型半導體

電子

圖一：發光二極體運作圖。

圖一 科學家發明藍光發光二極體（LED）後，便可以利用紅、綠、藍三種顏色，自由調配LED所需的顏色，使LED成為21世紀照明新光源。

顏色的LED任意組合顏色，尤其是用作照明的白光。

直到1993年，日本日亞化學（Nichia Corporation）的中村修二成功以氮化鎵和氮化銦鎵（InGaN）開發具高亮度的藍光發光二極體。相較於傳統的日光燈與白熾燈泡，LED不僅體積小、環保、省電，壽命更長達十萬小時，且因其低耗電的特性，對於電力缺乏的開發中國家，無疑是一大福音，現今環保意識與節能觀念逐漸提升，發光二極體已躍升為21世紀照明與顯示器之新光源。

◎ 劃時代的偉大發明：藍光LED

2014年的諾貝爾物理獎揭曉，頒給發展藍光LED的三位教授，分別為任教於名城大學的赤崎勇教授、名古屋大學的天野浩教授，以及美國加州大學的中村修二教授。

　　赤崎勇教授出生於日本鹿兒島縣，於名古屋大學取得工學博士，曾服務於松下電器與名古屋大學，現為名城大學終身教授。1986年與天野浩教授成功以「低溫沉積緩衝層技術」合成高品質的氮化鎵晶體，並於1989年以氮化鎵的pn結構完成了藍色發光二極體。其學生天野浩教授，出生於日本靜岡縣。在1982年，仍為大學生的天野浩便加入赤崎勇教授的研究室，主要研究III族的氮化。1986年，赤崎勇與天野浩首次成功於藍寶石基板上合成高質量的氮化鎵晶體，並於1980年代末期，成功合成p型氮化鎵半導體。

　　中村修二教授出生於日本愛媛縣，1979年取得德島大學工學碩士，日後任職於日亞化學，1987年赴美國佛羅里達大學進修一年，1988年回國後致力於開發藍色LED。然而，當時沒人看好他的研究，尤其他選用氮化鎵為材料，當時氮化鎵並不受重視，並被大家視為一項不可能成功長出p型半導體的材料。反而，多數科學家致力於硒化鋅（ZnSe）材料的研究，因此研究過程相當艱辛。兩年後，中村成功於低溫下合成氮化鎵薄層。幾年後，中村於製程上得到了相當大的突破，成功發展含銦的氮化鎵，1993年，世界第一顆高亮度藍色LED成功的商品化，因此他又被稱之為「藍光之父」。1999年，中村完成了藍紫半導體雷射，也完成了在日亞化學的所有任務，此期間因專利問題與日亞化學產生眾多訴訟，失望之餘便離開日本。2000年後於美國加州大學聖塔芭芭拉分校擔任教授一職。

　　這三位偉大的科學家，不僅對於自己的研究具有相當的執著，更勇於背負極大風險，選擇了常人認為不可能成功的氮化鎵材料，即使資源匱乏，必須自己架設儀器，他們仍然不因此而放棄，歷經數以千次實驗的失敗，依然堅持自己的信念，最後才得以成功發展藍光LED，也因此

得到2014年的諾貝爾物理獎。

然而，許多人會問，為何諾貝爾獎特別頒給「藍光」LED的發明者呢？早期由於紅色發光二極體波長的限制，多只能用作交通號誌的警示燈，或LED看板的顯示，用途受限，且無法用於照明設備。然而，當藍光LED被發明後，科學家便可以利用紅、綠與藍三種顏色的LED自由調配所需的顏色。

● 革命性的照明裝置

為了將LED運用於照明裝置，可使用紅、綠與藍三種顏色的LED組成白光，雖然可以解決過去無法產生白光的問題，但此裝置也有許多缺點，不僅成本過高，且三種LED的壽命不同，如果其一損壞，就必須汰換此裝置。因此，世界各國的科學家也積極尋找解決方法，而此問題的答案為——螢光粉。

作為發光二極體基礎材料的無機粉體稱為螢光粉（phosphor），此材料具有高光能轉換效率與高色彩飽和度，合成與加工步驟簡易，主要

圖二　釔鋁石榴石螢光粉（$Y_3Al_5O_{12}:Ce^{3+}$, $YAG:Ce^{3+}$）結構示意圖。

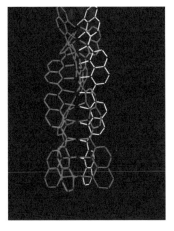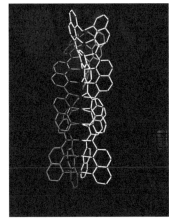

圖為臺灣大學化學系彭旭明教授所發展的鎳金屬串模型，左圖發光元件只使用傳統的LED（即紅、綠與黃色），顏色較暗淡，缺少變化，但有了藍色LED的加入，顏色鮮豔亮麗（右）。

可分為主體晶格（host）與活化劑（activator）兩個部分，主體晶格為螢光粉體的主要晶體結構，並提供活化劑的配位環境，其將影響活化劑放光特性。活化劑則為摻雜在主體之離子，為主要發光中心，通常為稀土元素。而最著名的螢光粉莫過於1996年，日亞化學揭示的鈰摻雜釔鋁石榴石（Cerium-doped yttrium aluminum garnet; YAG:Ce）螢光粉化學式為$Y_3Al_5O_{12}:Ce^{3+}$（圖二），此螢光粉可被藍光LED激發（波長為460奈米）。受到藍光LED晶片照射後，鈰原子基態的4f軌域電子吸收能量躍遷至較高能量的激發態5d軌域，於5d軌域中產生熱振動緩解至5d軌域最低振動能階，此過程中能量以熱能形式散失，最後5d軌域最低能階的電子緩解回到基態4f軌域，並以光能的形式將能量釋放（圖三）。而YAG所

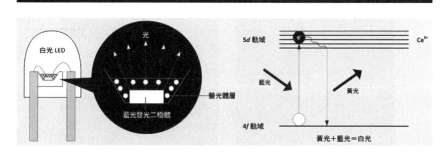

圖三 白光LED結構示意圖。

放出的黃光，經適當調控螢光粉添加量，可得到由藍光LED晶片所放出的藍光，加上YAG黃色螢光粉所放出的黃光，即可形成白光。此裝置不僅成本低，更可避免使用三種不同顏色LED所面臨各自壽命不同的問題。

○ LED照明裝置改良

藍光LED的發明，搭配黃色螢光粉即可產生白光，可以解決照明的問題。然而，此裝置有一個致命的缺點——即當照明時無法顯示出物體真正的顏色。其中最大的原因是此裝置缺少紅色區域的光譜，為了改善此缺點，科學家便發展了紅色螢光粉，目前放光特性良好的紅光螢光粉主要氮化物或氮氧化物材料，其中最著名的紅色螢光粉為$CaAlSiN_3:Eu^{2+}$。未添加紅色螢光粉的發光裝置，色溫較高（correlated color temperature, CCT>6000 K），屬於冷白光；而添加紅色螢光粉的發光裝置，色溫較低（CCT<3300 K），屬於暖白光。

● LED未來展望

　　根據預測，2016年時，全球LED產值將來到一百一十億美金，其中又以照明為最大宗，根據統計，若臺灣四分之一的白熾燈泡與傳統日光燈替換為白光LED，則每年可省下約一百一十億度之電力，相當於核電廠一年的發電量，因此日後會趨向以白光LED作為照明的主要光源，如何提升LED亮度與降低成本勢必成為一大課題。另外，現代手機、平板電腦與大型LED電視的普及，也使LED用於背光面板更加興盛。因為藍光LED的發明，使得今日的世界可以運用電腦控制，使LED發出數百萬種顏色的光，因此，大至路上隨處可見的大型LED看板、紅綠燈，到小至螢幕的背光系統，都有LED的身影。另外，利用電腦控制LED放光的強度與顏色來模擬日照，現代常用來進行溫室植栽，因此常可以在同一時間看到不同季節的花卉。

　　而赤崎勇、天野浩和中村修二教授不僅發展了藍光LED，也發展出藍光雷射，使資料儲存領域有重大突破，因藍光雷射的波長較紅外線短，可於相同的資料儲存面積儲存更多資料。白光LED的出現，於人類的歷史有著無可比擬的重要性，白熾燈泡照亮了19世紀，螢光燈管照亮了20世紀，而21世紀，將是LED的時代。

方牧懷：臺灣大學化學系
劉如熹：臺灣大學化學系博士生

2015 | 諾貝爾物理獎
NOBEL PRIZE in PHYSICS

地底水槽探索微中子震盪

文｜張敏娟

2015年諾貝爾遴選委員會將物理獎頒給梶田隆章和麥唐納，
表彰他們找到微中子振盪的證據，進而推測微中子有質量的貢獻。

梶田隆章
Takaaki Kajita
日本
日本東京大學

亞瑟・麥唐納
Arthur B. McDonald
加拿大
加拿大皇后大學

2015年10月6日，諾貝爾遴選委員會宣布物理獎由梶田隆章和亞瑟‧麥唐納獲獎。表彰他們找到微中子（neutrino）震盪的證據，進而推測微中子具有質量的貢獻。

梶田是日本人，目前五十六歲，是日本東京大學的教授。1981年埼玉大學物理系畢業，接著在東京大學念物理博士，並加入位於日本神岡的大水槽實驗（KamiokaNDE），1986年博士班畢業。他在畢業後，於東京大學理學院繼續擔任助手（1986）、接著轉到該校宇宙線研究所擔任助手（1988）、助教授（1992）、教授（1999）、所長（2008）。他參與神岡大水槽實驗（KamiokaNDE）與超級神岡大水槽實驗（Super-Kamio-kaNDE），研究能力傑出，獲得許多研究大獎。最特別的大獎之一是在2002年，梶田與影響他最深的兩位老師、前輩戶塚洋二與小柴昌俊，三人共同獲得潘諾夫斯基實驗粒子物理學獎。小柴昌俊因為神岡大水槽實驗獲得2002年的諾貝爾物理獎（超級神岡大水槽實驗的前身），戶塚洋二是主導超級神岡大水槽實驗的前期主要負責人（2008年因癌症過世）。

而麥唐納是加拿大人，目前七十二歲，是加拿大皇后大學的教授。麥唐納1964年達爾豪西大學物理系畢業，1965年同校物理碩士畢業，接著轉往美國加州理工學院念物理博士，1969年畢業。他在博士畢業後，於加拿大首都渥太華的喬克河核子實驗室任職研究員（1970~1982）。接著轉往美國普林斯頓大學任職教授（1982~1989），之後又回加拿大的皇后大學擔任教授（1989）。

麥唐納在任職皇后大學期間，領導位於加拿大安大略省的薩德伯里微中子觀測站（Sudbury Neutrino Observatory, 1999~2006）。2001年8月，麥唐納領導的薩德伯里微中子觀測站團隊，發表實驗結果並推論出「來自太陽的電子微中子，會因為微中子振盪機制改變為緲子微中子和濤微中

> **微中子震盪** ··········
> 為微中子在三種「味」之間震盪，意思是電子微中子（e）、渺子微中子
> （μ）、與濤微中子（τ）之間，會互相轉換身份。

> **味（Flavour）** ··········
> 代表的意思跟「種類」類似，但是也含有看不見、摸不著的意思。

子」。這個結果支持在1998年超級神岡大水槽實驗發表的類似論點文章。因此2007年，美國費城富蘭克林研究所，將富蘭克林獎章頒發給領導超級神岡大水槽實驗與薩德伯里微中子觀測站團隊的戶塚洋二與亞瑟・麥唐納。我想，如果戶塚洋二能夠活久 點，一定也可以拿到諾貝爾物理獎。

● 關於微中子被提出與命名的歷史

從沃爾夫岡・包立說起。奧地利理論物理學家包立（Wolfgang Pauli）是量子力學研究先驅。一般廣為所知的是他提出的包立不相容原理，發展出自旋理論，重新詮釋物質結構。包立獲得1945年的諾貝爾物理獎。包立很少發表論文，他比較喜歡與同行交換長篇的信件。1930年包立思考了β衰變（beta decay）的問題，也就是原子核轉變為另一種原子核時會伴隨產生一種小粒子。他寫信給同行，提出存在一種電中性的、迄今為止未被觀測到的小粒子假說，以此解釋β衰變。不過這個看不見的小粒子，到底要怎麼繼續討論它，包立很苦惱。

1934年，恩里科・費米（Enrico Fermi）為美籍義大利裔物理學家，重新詮釋包立的β衰變假說。費米將包立苦惱的那個伴隨β衰變產生的小粒子，命名為微中子（neutrino），讓β衰變滿足能量守恆理論，並定

義：「β衰變是放射性原子核放射電子（β粒子）和微中子而轉變為另一種原子核的過程。」由於費米是義大利人，所以微中子命名給人的感覺，很像義大利咖啡卡布奇諾（Cappuccino）。費米重新詮釋的β衰變，是弱作用力理論的前身。他演示了幾乎所有元素在中子轟炸下都會發生核變化。慢中子和核裂變的發現，也是費米以及他的學生們推論出來。費米獲得1938年的諾貝爾物理獎。

微中子研究，從費米之後，百家爭鳴。其中以1964年提出夸克理論的默里・蓋爾曼（Murray Gell-Mann）為首，漸漸朝向基本粒子標準模型邁進。蓋爾曼因此獲得1969年的諾貝爾物理獎。微中子們在還沒被找出來之前，就已經被預測會出現，並預先留好座位給他們了。尋找微中子特性的實驗很多，本文僅說明此次獲諾貝爾獎的兩個實驗。第一個是日本超級神岡大水槽，第二個是加拿大薩德伯里微中子觀測站。

微中子的實驗觀測，主要分為四種：太陽微中子、大氣微中子、核反應爐微中子與粒子束微中子。神岡大水槽與超級神岡大水槽，屬於觀測大氣微中子的實驗；加拿大薩德伯里微中子觀測站，則屬於觀測太陽微中子的實驗。

至於核反應爐微中子，比較有名的是日本的KamLAND和中國大陸大亞灣微中子實驗，它們都屬於把偵測器放在核能發電廠旁邊的實驗。而粒子束微中子，是利用加速器產生微中子光束的實驗，比較有名的有美國的MINOS、日本的K2K、T2K。還有許多有名的微中子實驗室，就不一一列舉。

日本超級神岡大水槽實驗，地點位於日本岐阜縣飛驒市神岡町的一個廢棄砷礦裡面。神岡是一個非常純樸的傳統日本小鎮。超級神岡大水槽實驗所在的廢棄礦坑，是更早之前的神岡大水槽實驗的地點，但是規

日本超級神岡大水槽實驗

超級神岡大水槽,主要觀測大氣微中子,微中子觀測數量之理論預測值並不隨天頂角而改變,而是呈一定值。然而,超級神岡大水槽於1998年發現,從大水槽下方進來的渺子微中子(產生於地球另一側)被觀測到的數量是從大水槽上方進來的渺子微中子數量的一半。這個結果被解釋成微中子轉變至其他種類的微中子,這個現象即是微中子震盪。此發現表示微中子具有有限質量,並暗示著標準模型需要被延伸。

微中子在三種「味」之間震盪,而且各種微中子皆有其靜止質量。於2004年的進一步分析顯示,事件發生率是長度除以能量的函數,並有著正弦函數的對應關係,確認了微中子震盪理論。

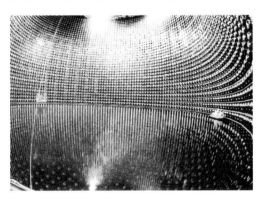

日本超級神岡大水槽(Super-KamiokaNDE)。

(Super-Kamiokande Collaboration, Japan)

格擴大了十倍。超級神岡大水槽為直徑約39.3公尺、高度約41.4公尺的不鏽鋼圓柱形容器,裡面注入約5萬噸純水,容器內壁使用約一萬一千兩百個光電倍增管,用於探測高速微中子在水中通過時產生的「契忍可夫光(Cherenkov light)」。

　　超級神岡大水槽的位置，在地底下1000公尺深，主要是為了隔離地面上的各種背景雜訊。大水槽上方，承受每平方公尺2700噸的壓力。還好礦坑由堅硬的岩石所組成，承受得住壓力。1991年12月，超級神岡大水槽開始正式動工，總共花了約兩年半，才把地底下需要的空間清空。接著用噴水泥的方式，把牆面固定。每隔一定距離，在牆面做一個記號、鑿一條小通道，預留空間給光電倍增管安裝電線。為了讓地底下的五萬噸純水保持純淨，大水槽旁邊建了一座淨水系統，隨時淨水。為了分析數據，在大水槽上方的地面上，蓋了一個電腦中心。所有實驗數據都透過電子訊號讀出系統送到電腦中心，做數據分析與值班的人員，可以在地面上處理。

　　當帶電粒子高速通過純水，有機會產生契忍可夫光。理論物理學家推論，當水裡面的質子被高能量的粒子打碎，產生衰變放出微中子，就有機會發出契忍可夫光。接著使用光電倍增管，將光訊號放大變成光電子訊號，由於具有高壓電的光電倍增管，可以讓光電子在管中產生電子雪崩效應，讓電訊號放大，這樣就能找到質子衰變的證據。一開始建造大水槽的目的，是為了找質子衰變。

　　直徑約50公分的光電倍增管，外層的玻璃，是由日本吹玻璃技師細心做出來的，同時訓練一批技師，將光電倍增管的電極等元件，一層一層的裝好，放進玻璃管裡面。再接著用高溫融封玻璃管，一邊也確定壓力穩定沒變形之後，再將電線放入光電倍增管連接電極、電線拉出的地方做最後的防水封裝。1994年7月，光電倍增管完成。讀出訊號的電子設備、物理理論模擬軟體，在籌備階段也跟著一起研究。在硬體準備就緒後，所有電子設備全部運到地底下大水槽的正上方，準備做即時數據監控。

　　無論是神岡大水槽或是超級神岡大水槽，都沒能找到質子衰變的事件。讀者可能會疑惑：「如果神岡大水槽一直都沒有達到原本希望達到的

契忍可夫光

契忍可夫光是帶電粒子以超過光速穿過介質時發出的光。要超過的光速是光的相速度而非群速度。契忍可夫光在1934年,由蘇聯物理學家帕維爾‧契忍可夫(Pavel Cherenkov)發現的。這個現象跟飛機以超音速飛行,產生音波堆疊,堆疊承受不住後,發生音爆現象類似。只是改成帶電粒子以超光速飛行,產生光子震波堆疊,堆疊承受不住後,發生光爆現象。契忍可夫與另外兩位蘇聯物理學家成功解釋契忍可夫光的成因後,於1958年三人一起拿諾貝爾物理獎。

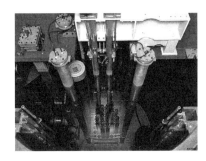

(wikipedia)

實驗目的,為何還會再花那麼多錢、升級擴建變成十倍大的超級神岡大水槽呢?」最關鍵的原因是:「神岡大水槽意外的在1987年2月,測量到大麥哲倫雲中超新星1987A爆發時產生的微中子。」在1987A爆發的光線來到地球的三小時前,世界各地有三台微中子探測器同時偵測到微中子爆發,廣泛接受的理由是微中子於超新星爆發時,比可見光更早被發射出來,而不是微中子比光速快。這三台微中子探測器分別為:日本的神岡大水槽,美國的厄文-密西根-布魯克海汶偵測器(IMB),俄羅斯的BAKSAN偵測器。神岡大水槽因為有了意外的微中子訪客而爆紅,促成了超級神岡大水槽計畫。而原本希望量測質子衰變的目標,也中途改為

加拿大薩德伯里微中子觀測站

加拿大薩德伯里微中子觀測站，主要觀測太陽微中子。在太陽微中子理論中，有三種產生微中子的衰變：

一、在電性流交互作用裡，微中子將重氫裡的中子變為質子，並且釋出一個電子。

二、在中性流交互作用裡，微中子離解了重氫，將其分裂成中子、質子。

三、在電子彈性散射裡，微中子與束縛於原子裡的電子發生碰撞。

在薩德伯里微中子觀測站中，以上三種產生微中子的衰變，每天都可以量測得到。2001年6月18日，薩德伯里微中子觀測站因為透過研究這三種太陽微中子衰變，也確定了微中子會轉變至其他種類的微中子，產生微中子震盪，確認了微中子震盪理論。

（Sudbury Neutrino Observatory）

以大氣微中子的研究為主。

　　加拿大薩德伯里微中子觀測站，實驗地點位於2100公尺深的鎳礦中。跟超級神岡大水槽的1000公尺深的砷礦比起來，還要再深1100公尺。在地底下2100公尺深，主要是為了隔離地面上的各種背景雜訊。觀

測站上方，承受巨大的壓力，因此使用特殊錨杆技術支撐住。

　　薩德伯里微中子觀測站中，有一個直徑12公尺的球形容器，裡面裝有1000噸重水，容器壁用丙烯酸脂製成，厚度5公分。在這容器的外面有一個直徑17公尺的偵測球，在偵測球裡面安裝了九千六百個光電倍增管，用於偵測契忍可夫光。為了給予浮力與輻射屏蔽，整個探測器浸泡在直徑22公尺、高度約34公尺、裝滿普通水的圓柱形腔體中。

　　早於1960年代，就已有美國Homestake實驗獲得關於太陽微中子抵達地球的測量數據。在薩德伯里微中子觀測站之前，所有實驗都只觀測到大約為標準太陽模型所預測的微中子數量的三分之一至二分之一。這被稱為太陽微中子難題。幾十年來，很多理論被提出來解釋這效應。其中一個是微中子振盪假說。1984年，美國加州大學爾灣分校的物理學教授赫伯特·陳（Herbert Chen）指出，重水是製作太陽微中子探測器的優良材料，因為可以清楚分辨三種微中子與電子微中子，適合研究太陽微中子振盪。1990年，實驗計畫正式被批准。在這實驗裡，當微中子與重水交互作用時，會出現電子以高速移動經過重水，因契忍可夫效應而產生藍色光錐。利用光電倍增管可以偵測出光訊號。

● 物理獎的未來

　　微中子的研究風潮，仍然在高能物理科學界如火如荼地進行者。因為研究微中子而發表優秀實驗結果的團隊，依然很多。2016年的諾貝爾物理獎，會不會又是給高能物理實驗呢？會是哪一個團隊呢？每年的10月份，總讓人充滿期待。

張敏娟：輔仁大學物理系

拓樸理論提供物質新觀點

文｜張泰榕、曾郁欽

2016年的諾貝爾物理獎頒給了三位理論物理學家：
索利斯、霍爾丹，以及科斯特利茨。
得獎理由為「拓樸相變與物質拓樸相的理論發現」。

索利斯
David J. Thouless
英國
華盛頓大學榮譽教授
（照片提供：University of
Washington）

科斯特利茨
J. Michael Kosterlitz
英國、美國
布朗大學
（照片提供：Brown University）

霍爾丹
F. Duncan M. Haldane
英國、美國
普林斯頓大學
（照片提供：F. Duncan M. Haldane）

❍ 故事開始……

我們生活周遭充斥著各種「物質」，例如金屬、絕緣體和半導體等，現今的科技成就，大部分可說是奠基於對物質的深入瞭解上。另一方面，科技與科學的進步建立於典範的轉移，如愛因斯坦的相對論開闢了一個異於牛頓力學的全新視野，讓我們能從完全不同的面向去認識宇宙。2016年獲獎的三位大師均來自英國，運用高超的數學技巧及敏銳的物理直覺，以「拓樸」（topology）這個全新的觀點來理解物質，替人類對物質知識的建立開闢了一條全新的道路。

❍ 物質態與相變

在介紹這些讓人興奮的非凡研究之前，讓我們翻開自然課本，打開塵封已久的記憶，重新回顧一下我們對物質的瞭解。如果沒有把課堂知識全部還給理化老師，應該可以回想起物質可分為三態：氣態、液態與固態。這三種物質態各自表現出來的物理特性有著極大的差異，例如冰很硬，被砸到會很痛；水會弄溼衣服，涼涼的。三態之間可以互相轉變，例如水可以變成冰（液態變固態），科學家稱這種轉變為相變（phase transition）。相變的研究在科學領域中佔有至關重要的地位，因為相變的發生代表物質態產生劇烈的變化。通曉其中的奧祕，無論對於自然界本質的瞭解或是未來科技上的應用，都有著無可忽視的巨大潛力。

❍ 科學家如何分辨相變？

1980年以前，物理學家會以「對稱性」來對物質態進行分類，當對稱性發生變化的同時即反映了物質的相變。為了顯示其專業性，我們給

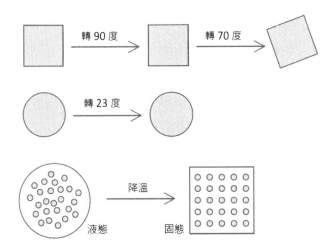

圖一　正方形，對其中心旋轉90度後外觀上看來與旋轉前完全相同，無法分辨是否有做過旋轉，但旋轉70度則不同，我們稱正方形具有90度旋轉的對稱性。正圓，則是旋轉任意角度皆不變。下圖，原子在液體中可隨意排列，因此液體可以任意改變形狀，無論從哪個角度看都是相同的。但固體則不然，當液態轉變成固態的同時物體中的原子排列會發生非常劇烈的變化，從雜亂無章變成如軍隊般的排排站好，此時你無法任意改變物體外型，且從不同角度觀看皆會看到不同幾何形狀。

了這種分類方法一個專有名詞：「對稱性破缺」（symmetry breaking）。什麼是對稱性呢？如圖一，一個正方形對其中心旋轉90度後外觀上看來與旋轉前完全相同，你無法分辨是否有做過旋轉，但旋轉70度不同，我們稱正方形具有90度旋轉的對稱性。如果是圓，則是旋轉任意角度皆不變，因此圓的對稱性比正方形來的高。

　　現在我們將這觀念套用上對稱性破缺，來看一個相變的實際例子。當我們對液體降低溫度後，液體會凝固變成固體，發生液態—固態相變。

　　液體因為內在原子任意分布，可以輕易改變外觀形狀，無論從哪個角度看都是相同的。但固體則不然，當液態轉變成固態的同時，物質內部的原子排列會發生非常劇烈的變化，從雜亂無章變成如軍隊般地排排站好，此時你無法輕易改變物體外型，且從不同角度觀看皆會看到不同的幾何形狀。與液態相比，固態的對稱性明顯低了很多，我們以這簡單的例子說明對稱性變化即對應物質相變的發生。

　　此時好奇的你／妳一定會想問，是不是所有自然界的相變都可以用對稱性破缺來描述？有沒有例外？另外，如果我們是居住在一維或二維世界的生物，那對稱性破缺的概念還能不能用？還會不會有相變？沒錯！解答這些問題正是這二位物理獎得主最重要的貢獻，他們的研究工作讓我們對相變的認識有了全新的視野。

◎ 問題來了！

　　早期的研究發現，一維或二維系統中只要溫度高於絕對零度（攝氏零下273.15度），哪怕只比絕對零度高出攝氏0.1度，有序排列的狀態就會被無可忽視的熱擾動（thermal fluctuation）所摧毀，而無法產生對稱性破缺。根據先前提過的「對稱性改變等於物質發生相變」的邏輯思路來推想，會得出此種情況下無法發生相變的結論。但大自然真的是如此嗎？

◎ 突破性的開端，KT相變

　　為了徹底理解二維相變問題，1970年左右索利斯與科斯特利茨提出一個理論模型，他們假設在二維平面上有無數個小磁鐵（精確來說是二維向量場）。如果依照傳統對稱性相變理論，因為沒有對稱性破缺，這些小磁鐵應該會隨意地各自指向不同方向（可以想成一堆沒受地磁影響而

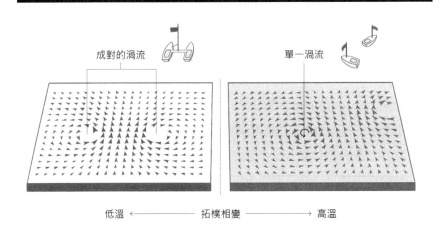

成對的渦流　　　　　　　　單一渦流

低溫 ←————— 拓樸相變 —————→ 高溫

圖二　KT相變。箭頭為磁矩方向，左圖渦流成對出現，在升溫經過相變之後則單獨出現（右圖）。這類相變並不涉及對稱性改變，需引入拓樸的概念才能有效的解釋。（修改自 Nobel Prize）

亂轉的指北針）。然而他們的模型卻顯示出完全異於直覺的結果。這些小磁鐵在慢慢增加溫度時會產生成對的渦流（vortex），一個向左轉、另一個向右轉，兩兩成對，無一例外（圖二左）。如果繼續升溫，當溫度高過一定程度後，這些渦流會好像情侶分手一般不再成對出現，而喜歡單獨出現，形成各自的渦流（圖二右）。在這變化途中並不涉及對稱性變化，但小磁鐵卻表現出兩種不同的集體行為（成對渦流或單一渦流），證實了相變的發生。這是人們在相變的研究中第一次超越了對稱性的限制。這種相變被稱為「KT相變」（KT phase transition）。索利斯與科斯特利茨之後理解到這種奇異的二維相變行為需要拋棄幾何的包袱，引入「拓樸」的概念才能有效的解釋。

○ 拓樸非常重要！

這邊稍微離題來聊一下「拓樸」。「幾何」是我們求學過程中較為熟悉的，就是圓形、三角形、正方形等不同圖形。討厭數學的同學可能會想起每次考試都要絞盡腦汁計算不同形狀的邊長與夾角等不堪回首的記憶。比起幾何，拓樸對我們來說就比較陌生。

拓樸正好和幾何相反，在拓樸世界中我們不需去理會物體的外在形狀，只要去留意上面有幾個「洞」，洞的數目相同代表相同的拓樸，洞的數目不同則代表不同的拓樸（圖三左）。在不改變洞的數目的情況下，如果一個物體能連續變化到另一個物體，那這兩個物體的拓樸就是相同的。最耳熟能詳的例子：一個有把手的咖啡杯和一個甜甜圈的拓樸是相同的，但和具有兩洞的眼鏡是不同的。甜甜圈能連續變化成有把手的咖啡杯，但除非你在甜甜圈上多開一個洞，不然它絕對無法被你扭成眼鏡。

KT的一小步，人類的一大步在KT的模型中，我們可以把渦流類比為大海中的漩渦，如同漩渦像海上的洞，渦流在KT模型中就是無數小磁鐵海上面的洞，這恰巧對應到數學中的拓樸態。這種相關性之後被廣泛應用到如超流體（superfluid）相變等各個物理分支中。拓樸這原本和物理八竿子打不著關係的數學理論，在大師們的神來之筆下與物理現象有了巧妙的連結。

在這之後索利斯持續對物理中的拓樸態進行更深入的研究，最著名的工作是以拓樸觀點來理解量子霍爾效應（Quantum Hall effect）。古典上只要外加一個電場驅動電子即可形成電流，不同材料對同樣大小的電場所產生的電流大小都不同，這種天生的內在性質稱為電導。然而科學家發現，如果對一個二維系統（例如很薄的半導體材料）在很低溫時額外

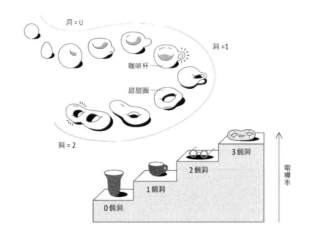

圖三 上圖表示各種不同拓樸卜的變化過程，每條同顏色線段內的拓樸都相同，不同顏色線段的拓樸則不同。例如橘線段區域內的物體都沒洞，藍色有一個洞，紅色有兩個洞。下圖是量子霍爾效應電導的拓樸示意圖描述。無電導在拓樸圖像中就是沒有洞（如圖中的杯子），兩倍電導是兩個洞（如圖中的眼鏡），以此類推。（修改自Nobel Prize）

加上垂直於表面的強磁場（圖四左），這時電導會隨著磁場強度增加呈現二到四倍等整數倍變化，不會因材料不同而改變。數學上我們可以寫成：電導 $\sigma = c \cdot N$，其中 c 為常數，且 $N = 1、2、3、\cdots$。索利斯發現上述公式的 N 恰巧可以對應到拓樸學的「洞」，例如兩倍電導（$N=2$）表示有兩個洞、三倍電導（$N=3$）則有三個洞，以此類推。拓樸又不可思議的再一次的和物理有了巧妙的連結（圖三右）。

○ 量子霍爾效應的應用

量子霍爾效應所產生的量子電流不會因材料內部雜質散射而產生電

David J. Thouless, J. Michael Kosterlitz & F. Duncan M. Haldane

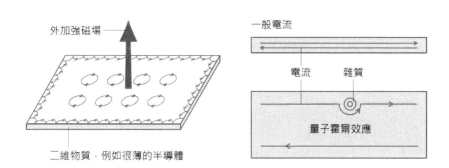

外加強磁場

二維物質，例如很薄的半導體

一般電流

電流　雜質

量子霍爾效應

圖四　左圖為一個二維系統，例如很薄的半導體材料在很低溫時外加上垂直於表面的強磁場，這時電導會隨著磁場強度增加呈現二到四倍等整數倍變化，不會因材料不同而改變。右圖是在一維世界中，電子只有向左或向右兩條路（圖右上兩條紅線），這兩條路和雜質之間的隨機散射即是電阻成因。如果我們能將這兩條路拉開，例如右下圖，向左電子遇到雜質，但因為沒有向右的路可以回頭，此時電子會像沒看到雜質般的繞過去而不產生電阻。這種條件雖然在一般材料很難達成，但量子霍爾效應卻能神奇的實現此現象。量子霍爾效應中電流不會因電阻而產生熱能消耗，比起傳統電子元件，更能有效提高效率與節省能源消耗。

阻（圖四右），這種零電阻的非耗散電流不但能有效提高電子元件效率，更能節省能源消耗，充滿了未來的應用前景。然而外加磁場因設備大小的限制，無法簡單地製成奈米等級元件，此外持續外加強力磁場對現有技術和成本上都不易達成，這些不利因素大大限制了量子霍爾效應的應用可能性。看似束手無策的難題，霍爾丹飛躍性的物理直覺在這個議題上提出了開創性的貢獻。

霍爾丹在80年代問了一個問題：「量子霍爾效應有沒有可能在無外加磁場時產生？」他為了解決此問題而提出了一個理論模型，之後大家便

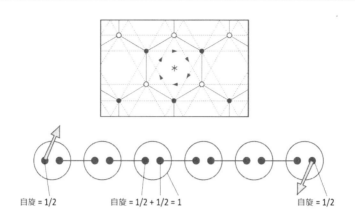

自旋 = 1/2　　　自旋 = 1/2 + 1/2 = 1　　　自旋 = 1/2

圖五 上圖，霍爾丹模型。原子排成二維的蜂巢狀結構，電子在原子間跳躍，實線表示正常的電子跳躍，虛線箭頭表示電子特殊的跳躍路徑，藉此模擬外加磁場的效果而產生量子霍爾效應。下圖，自旋大小為1的一維磁性鏈模型。在自旋整數的情況下一維磁鏈（紅點）會具有拓樸性質，孤立的半整數磁矩在磁鏈的兩個端點（橘色箭頭），這是可直接觀測的物理量。

以他的姓氏命名這個模型——「霍爾丹模型（Haldane model）」。在霍爾丹模型中，霍爾丹假設原子（晶格）排成二維的蜂巢狀結構（圖五上），電子在原子間跳躍，藉由特殊的跳躍路徑（如箭頭所示）來模擬外加磁場的效果，以此生成整數的量子霍爾電導。

　　這個想法非常漂亮，但不幸的是霍爾丹模型因過於特殊，不容易在實際材料中實現，在當時（80年代）因為材料科學與技術尚未成熟，霍爾丹的研究並沒有引起太大的迴響。然而近十年，物理學家們發現霍爾丹模型可以做更進一步的推廣，造就數個與拓樸相關的子領域如雨後春筍般產生，例如近幾年爆紅的拓樸絕緣體（topological insulator）、拓樸

半金屬（topological semimetal）、拓樸超導體（topological supercon-ductor）等，這些新理論中基本概念的源頭皆源自於霍爾丹模型。另一方面，無外加磁場的量子霍爾效應終於在2013年左右被實驗證實，現被稱為量子奇異霍爾效應（Quantum anomalous Hall effect）。

○ 霍爾丹把拓樸帶入量子力學

霍爾丹對於拓樸的貢獻不只如此，80年代他同時專注於一維量子磁性的研究。量子力學發展之後人們已經知道在量子效應的作用下，自旋磁矩只會呈現整數（S=1、2、3…）與半整數（S=1/2、3/2、5/2…）兩類。如果將小磁鐵（精確來說是自旋）如鎖鏈般筆直地排列在一起，霍爾丹發現不同磁矩大小排成的磁性鏈會呈現兩種截然不同的特性。在磁矩大小為奇整數時，一維磁性鏈會帶有拓樸性質，其他的磁矩大小所排成的磁性鏈則沒有拓樸性質。一般來說，實驗沒有辦法直接測量系統的拓樸性質，但在霍爾丹的先驅帶領下，人們發現一維磁性模型中，拓樸相會產生孤立且自由的半整數磁矩在磁鏈的兩個端點（圖五下），這是可以直接觀測的物理量。實驗也迅速的在三年後於三氯化銫鎳（$CsNiCl_3$）材料及其他鎳的化合物中驗證了霍爾丹的理論預測。

霍爾丹對物理研究的熱愛毫無保留，筆者聽朋友轉述，某次他向霍爾丹請教物理問題，霍爾丹邊吃沙拉邊在黑板上推導公式。討論到一半時，看到他滿手的粉筆灰竟隨意抹在身上，開始用手吃起沙拉來，那個物理人的真性情，一覽無遺啊！

○ 量子電腦：拓樸，不可或缺

透過三位大師所打下的基礎與後續眾多研究者們的努力，拓樸的概

念現已深化到物理的各個分支中，各種維度的拓樸理論與拓樸分類都相繼被提出。近十年來，實驗學家也在越來越多的材料中發現物質的拓樸態，甚至還能進一步的以人為方式控制量子拓樸相變。接下來的時間，科學家在繼續深入探討拓樸基本理論的同時，也預計朝拓樸應用方面開始邁進，像是大家期盼已久的量子電腦（科幻類電影的基本橋段）。雖然量子電腦具有量子力學天生的特性，靠著量子態傳遞量子訊息，預期其計算速度是傳統電腦難以望其項背，但因現有材料所生成的量子態極為脆弱，容易受外界雜訊干擾而被消滅，要維持大量的量子單元進行運算非常困難，這方面的研究進展一直受到阻礙。

　　拓樸的出現可說是替量子電腦的實現帶來了一道曙光，科學家發現如能將量子訊息分配到拓樸超導體中的「馬約拉納費米子」（Majorana Fermion）上，因這種費米子天生具有拓樸特性，外界的雜訊干擾只會改變其量子態的外型而無法改變量子態的拓樸性質（也就是量子態上「洞」的數量），因此這種量子態非常穩定，可作為運算單元來實現量子電腦。近年來拓樸應用的相關研究正如火如荼地進行，科學家之間的競爭如戰爭般的互不相讓，人人都想脫穎而出。雖然可能還言之過早，但也許不久的未來，拓樸會離開學術象牙塔，走入社會，我們的生活圈將自然地充滿著「拓樸」。讓我們一起拭目以待吧！

張泰榕：清華大學物理系助理研究學者
曾郁欽：中興大學物理系博士候選人

無遠弗屆、鉅細靡遺——
全方位的重力波探測

文│倪維斗

2017年的諾貝爾物理桂冠頒給了康奈爾博士、凱特勒及魏曼教授，
表彰他們對於「雷射干涉重力波天文台以及重力波觀測」做出決定性的貢獻。

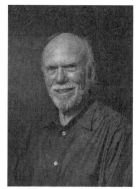

基普・索恩
Kip Thorne
美國
加州理工學院

巴里・巴利許
Barry Barish
美國
加州理工學院

萊納・魏斯
Rainer Weiss
美國
麻省理工學院

2016年2月11日美國雷射干涉重力波天文台（Laser Interferometer Gravitational-Wave Observatory, LIGO）在記者會上，宣布LIGO團隊和Virgo（義大利和法國在Pisa地區建造的三公里臂長重力波天文台）團隊，以LIGO兩個相距3000公里、臂長四公里的重力波干涉儀，探測到距離我們約13億光年的兩個大約為30太陽質量黑洞的互繞及合生所產生的重力波。這次的合生是在2015年9月14日探測到的，信號持續的時間為0.2秒。合生時最大的重力波亮度大於可觀測到宇宙所有恆星亮度的總合。因其合生時的距離，最大的重力波應變達到探測器時的應變為10^{-21}，對四公里臂長的長度變化為4 am（attometer，atto為10^{-18}之義），約為鋁原子核的千分之一。

　　本年度的諾貝爾物理獎宣布頒給LIGO重力波天文台三位重要的推動者麻省理工學院的魏斯（Rainer Weiss）教授，以及加州理工學院的索恩（Kip Thorne）教授和巴利許（Barry Barish）教授，以茲表彰。LIGO團隊和Virgo團隊在兩年內已宣布發現六對黑洞的合生引力波。並在2017年8月17日探測到距離我們約1.3億光年的雙中子星互繞及合生所產生的重力波，奠定了多信使天文學的基石，驗證光速和重力波速相差小於3×10^{-15}之程度、潘加瑞（Poincaré）的想法及廣義相對論的預測。重力波的探測開啟了天文學新的領域，進一步的發展可使靈敏干涉儀探測大部分的宇宙，無需以管窺天，可說是人類科學發展上的極致。而這極致的達成，有賴無遠弗屆、鉅細靡遺引力基本物理定律的建立和近代儀器的發展。重力波的探測才剛開始，其頻段從0.01 aHz至1 THz以上均有團隊在實驗探測。

○ 相對論與重力波

　　波動可簡單分為三種：標量波、向量波與張量波。聲波是密度標量波，可以有單極輻射；其波動方向和傳播方向相同，因之是縱波。電磁波是向量波，沒有單極輻射，可以有二極輻射；其波動方向和傳播方向垂直，是橫波。地震波是應變張量波；其波動方向，一般有垂直於傳播方向的部分和平行於傳播方向的部分。重力波是時空變化的張量波，沒有單極和二極輻射，可以有四極輻射；其波動方向和傳播方向垂直，和電磁波一樣，也是橫波。

　　說到重力波，我們必須簡述一下廣義相對論的發展史。1859年，法國天文學家勒維耶（Urbain Le Verrier）發現水星近日點的進動（precession）超出牛頓萬有引力計算行星擾動所預測的結果，進動的差異每百年有38秒角幅度，這個異常打破了牛頓引力理論，最終引導出廣義相對論。1887年，美德物理學家邁克生（Albert Michelson）和美國化學家莫立（Edward Morley）實驗發現光速不因地球運動的方向而變，打破牛頓動力學的基礎，引出了狹義相對論。

　　愛因斯坦等效原理假設局部物理為狹義相對論物理（Local physics is special relativistic physics），宇宙中任何時刻、任何地點在局部慣性系下的物理方程式，均與勞侖茲慣性坐標下的物理方程式相同。此原理應用於計量學與計量標準（非人造）上，即為假設其普適性，計量學的普適性成立驗證了愛因斯坦等效原則。

　　讀者也許心中有個問題，若是如此，那麼「什麼是引力（重力）呢？」答案是重力理論告訴我們這些局部物理是怎麼相接成大域物理的，重力加速度可用等效原理化為等效的慣性力，真正的重力是一種潮汐力、或

稱為引潮力（在地球上若無引潮力，我們即難以觀察太陽和月亮的引力）。就好像二維局部歐式空間的不同連接可構成球面或其他曲面；四維局部閔氏（勞侖茲）時空的不同連接，可成為帶有重力的彎曲時空。

廣義相對論是一種萬有引力理論。在牛頓引力理論中，兩個物體所產生的引力是可以線性疊加的。在愛因斯坦廣義相對論中，兩個物體所產生的引力必須以非線性疊加，而且是增強的。一個結果是可以有黑洞解，即黑洞裡的粒子無法跑出其視界（horizon）。黑洞可說是引力場中最簡單的解，僅有質量、角動量和電荷三種特性。

狹義相對論時空可用閔氏度規描述，廣義相對論時空是由局部閔氏度規連結而成，可用時空度規張量描述。時空的波動稱為重力波，可用時空度規張量的週期變化或頻譜描述。當重力波傳入探測器時，時空的週期變化引起探測器的反應，在共振探測器引起探測器應變的共振而探知，在雷射干涉儀引起兩反射鏡間距離之變化而探知。

● 全方位的觀測

普通天文觀測使用光學望遠鏡，可謂以管窺天。射電望遠鏡通常可觀測某一方向的天空。微中子天文觀測、聽覺、手機可對各個方向接收訊號是全方位的探測。這種全方位的探測器（感官、手機）必須能接收各方向的訊號；測定方向則需要有兩個以上的探測器，用到達不同探測器的時間差，來決定方向和距離。對於分辨訊號則利用時序和頻譜（如音樂與人聲）的不同。重力波的探測類似聽覺，普通亦為全方位的觀測。

● 四極矩輻射公式

彼得斯（P. C. Peters）和馬修斯（Jon Mathews）於1963~1964年使

用愛因斯坦於1916年推導出一個運動系統的重力輻射功率公式，詳細計算二體運動的重力輻射，在現在的許多天文物理估算中常以此為基礎。當時，彼得斯是馬修斯的博士生。筆者1967年進Caltech時，即是跟馬修斯教授做研究，後馬修斯教授推薦我去找索恩教授談談，因此我便跟隨索恩教授進行博士研究。

◉ 一百年前重力波源與當時可能的探測靈敏度之差距

愛因斯坦1916年時認為四極矩輻射公式所推出的引力波輻射強度太小，實際上不可能被實驗探測到。那麼引力波源與當時（一百多年前）可能的探測靈敏度之差距有多大呢？答案為十六個數量級。1910年發現白矮星，不久即估計出其密度。我們銀河系中白矮星雙星（繞轉週期從5.4分鐘到數小時）的重力輻射形成背景引力波，其大小約為10^{-21}之應變，形成現今太空重力波探測的混淆極限。一百年前，與現在一樣，白矮星重力波背景之大小約為10^{-21}之應變，當時天文測角的精度在一角秒左右，故測重力波應變的靈敏度約在10^{-5}左右，背景與當時可能的觀測靈敏度相差十六個數量級。人類第一顆人造衛星史普尼克1號（Sputnik）在1957年發射成功，開啟了太空時代。2015年，雷射干涉太空天線開路者號（LISA Pathnder）發射成功，其實驗已達到LISA無拖曳航天的要求，LISA現已立項，應指日可達成探測的目標。高頻重力波（$10\sim10^5$ Hz）的探測亦然。當時的邁可生干涉儀的應變靈敏度約為$10^{-5}\sim10^{-6}$，和現今第一次測得的重力波強度10^{-21}亦差十六個數量級。

◉ 重力波探測實驗的開啟

1960年代，韋伯（Joseph Weber）在其馬里蘭大學實驗室發展棒狀

圖一　約瑟夫・韋伯。（Wikipedia）

探測器進行重力波的共振探測。在其1966年的論文中，韋伯（圖一）可觀測到的應變達10⁻¹⁶量級。韋伯在當時縮短了引力波源和探測上的差距十個量級。其博士學生辛斯基（Joel Sinsky）在實驗室進行校正實驗，證實此應變靈敏度。韋伯和其學生雖未探測到重力波，然而在物理界引起廣泛的興趣。最先是重複其實驗，繼而是提出低溫共振探測和其他新的方法，開啟重力波探測實驗的紀元。

◉ 重力波探測精密雷射干涉儀之始

1962年俄國科學家吉斯庭史汀（M. Gerstenshtein）和巴斯塔夫（V. I. Pustovoit）提出使用干涉儀探測重力波的構想。在美國，韋伯於1964年亦和其學生福沃德（Robert Forward）等討論使用干涉儀探測重力波的方法。1966年，福沃德、米勒（Larry Miller）和摩絲（Gaylord Moss）在休斯研究實驗室（Hughes Research Laboratories）開始使用干涉儀探測重力波，建造2公尺臂長原型干涉儀。1971年，魏斯在MIT開始建造

一點五公尺臂長原型干涉儀。並在1972年的論文中提議了探測重力波的公里級雷射干涉儀並詳細的分析了干涉儀之基本雜訊：

a. 雷射功率振幅雜訊（Amplitude noise in the laser output power）
b. 雷射相位／頻率雜訊（Laser phase noise or frequency instability）
c. 天線力學熱雜訊（Mechanical thermal noise in the antenna）
d. 雷射光輻射壓雜訊（Radiation-pressure noise from laser light）
e. 震動雜訊（Seismic noise）
f. 溫度梯度雜訊（Thermal-gradient noise）
g. 宇宙射線雜訊（Cosmic-ray noise）
h. 引力梯度雜訊（Gravitational-gradient noise）
i. 電場與磁場雜訊（Electric field and magnetic field noise）

在魏斯在MIT建立1.5公尺的干涉儀後，索恩認為實驗探測引力波重要，並確信要有足夠的機會探測到引力波必須達到10^{-21}之應變靈敏度，欲達此必須建造公里級的雷射干涉儀。索恩說動了加州理工學院物理系推動雷射干涉測引力波實驗，加州理工學院邀請在格拉斯哥大學（University of Glasgow）建造1公尺Fabry-Perot 干涉儀原型的德瑞福（Ronald Drever, 1931/10/26~2017/3/7）到加州理工學院主持建造40公尺的Fabry-Perot干涉儀原型。世界各國在1970年代開始競相建造懸鏡式干涉儀。

◉ 公里級重力波探測精密雷射干涉儀之建造 與雙黑洞合生之探測

1994年，美國國家科學基金會（NSF）批准了加州理工學院和MIT

圖二　在Hanford（左）和在Livingston（右）的4公里臂長雷射干涉重力波探測器。
（Caltech/MIT/LIGO Lab）

建造四公里臂長探測引力波的雷射干涉儀的計畫，開始動工建造，主持人是加州理工學院的巴利許教授。LIGO於2002年順利完成。義大利與法國建造的Virgo也隨後建成，特別著重較低頻的防震（圖二）。第一代的LIGO和第一代的Virgo沒有探測到重力波。此時，布拉金斯基（Vladimir Braginsky）等人對雜訊的分析用到了新一代aLIGO和aVirgo的改進設計。

　　aLIGO改進分段進行，第一次觀測（O1）時期為2015年9月12日至2016年1月19日（共一百三十天）。在測試時，已於2015年9月14日探測到重力波，為時0.2秒。分析後在2016年2月11日宣布首探，探測到恆星級質量的雙黑洞互繞及合生所產生的引力波。2016年6月15日宣布二探，再次探測到恆星級質量的雙黑洞互繞及合生所產生的引力波。第一次探測到的引力波命名為GW150914，第二次探測到的引力波命名為GW151226。GW表重力波；150914和151226表探測到的日期。本時期亦探測到了一訊噪比較小的雙黑洞互繞及合生所產生的引力波，命名為

表一 探測到並已宣佈的雙黑洞合生所產生的引力波事件

重力波事件	GW150914	GW151226	LVT151012	GW170104	GW170608	GW170814
主黑洞質量 $m^{source_1}/M_\odot$	$36.2^{+5.2}_{-3.8}$	$14.2^{+8.3}_{-3.7}$	23^{+18}_{-6}	$31.2^{+8.4}_{-6.0}$	12^{+7}_{-2}	$30.5^{+5.7}_{-3.0}$
次黑洞質量 $m^{source_2}/M_\odot$	$29.1^{+3.7}_{-4.4}$	$7.5^{+2.3}_{-2.3}$	13^{+4}_{-5}	$19.4^{+5.3}_{-5.9}$	7^{+2}_{-2}	$25.3^{+2.8}_{-4.2}$
終黑洞質量 $M^{source}_f/M_\odot$	$62.3^{+3.7}_{-3.1}$	$20.8^{+6.1}_{-1.7}$	35^{+14}_{-4}	$48.7^{+5.7}_{-4.6}$	$18.0^{+4.8}_{-0.9}$	$55.9^{+3.4}_{-2.7}$
輻射能量 $E_{rad}/(M_\odot\,c^2)$	$3.0^{+0.5}_{-0.4}$	$1.0^{+0.1}_{-0.2}$	$1.5^{+0.3}_{-0.4}$	$2.0^{+0.6}_{-0.7}$	$0.85^{+0.06}_{-0.17}$	$2.7^{+0.4}_{-0.3}$
峰值亮度 $l_{peak}/(10^{56}\,erg\,s^{-1})$	$3.6^{+0.5}_{-0.4}$	$3.3^{+0.8}_{-1.6}$	$3.1^{+0.8}_{-1.8}$	$3.1^{+0.7}_{-1.3}$	$3.4^{+0.5}_{-1.6}$	$3.7^{+0.5}_{-0.5}$
光度距離 D_L/Mpc	420^{+150}_{-180}	440^{+180}_{-190}	1000^{+500}_{-500}	880^{+450}_{-390}	340^{+140}_{-140}	540^{+130}_{-210}
波源紅移 z	$0.09^{+0.03}_{-0.04}$	$0.09^{+0.03}_{-0.04}$	$0.2^{+0.09}_{-0.09}$	$0.08^{+0.08}_{-0.07}$	$0.07^{+0.03}_{-0.03}$	$0.11^{+0.03}_{-0.04}$

（以$36.2^{+5.2}_{-3.8}$為例，在90%信度下，此值最多為36.2+5.2，最少為36.2-3.8）

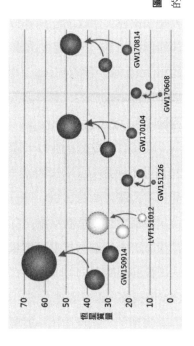

圖三 六次探測到其互繞和合生重力波的黑洞質量分佈圖。

LVT151012。這些引力波事件所推論出的波源特性，連同O2第二次觀測時期已探測到並宣布的三組雙黑洞互繞及合生所產生的引力波GW1701和GW170814，列於表一。引力波第二次觀測（O2）時期為2016年11月30日至2017年8月25日（117天LIGO兩個探測器）；2017年8月1日至2017年8月25日（aLIGO和aVirgo聯合觀測）。

本次觀測到GW170104、GW170608和GW170814三組恆星級質量的雙黑洞互繞及合生所產生的引力波（表一）以及第一次探測到GW170817雙中子星互繞及合生所產生的引力波。GW170814是由LIGO的兩個探測器和Virgo的一個探測器共同探測到的。Virgo探測器的加入使得雙黑洞合生的方位準確多了。圖三顯示表一中十八個黑洞的大小。

◉ 多信使天文學觀測

GW170817雙中子星互繞及合生所產生的引力波的觀測，開啟了多信使天文學觀測。伽瑪暴GRB170817A比引力波GW170817晚1.74±0.05秒到達地球。基本上伽瑪爆和重力波發生時間是同步的，從模型上和現象學上的分析，可給出伽瑪爆和重力波發生時間差的制約，由此可得重力波速度和光速差Δv為$-3 \times 10^{-15} < (\Delta v/c_{EM}) < 7 \times 10^{-16}$，其中$c_{EM}$為光速。

◉ 引力波天文學與多信使天文學

LIGO團隊和Virgo團隊在2017年8月17日探測到距離我們約1.3億光年的雙中子星合生所產生的重力波，此觀測和許多電磁波段的天文觀測奠定了多信使天文學的基石。多波段引力波天文學正在醞釀。由2017年10月6日的記者會有七十餘個團隊參加觀察，引力波天文學才開始，即已引領多信使天文學的發展。

重力波的頻譜分類

重力波的探測才剛開始，其頻段從 0.01 aHz 至 1 THz 以上均有團隊從事實驗探測。按探測方法可分類如下：

超高頻帶（>1 THz）：這是地面上探測引力波的太赫共振腔、光學共振腔和磁轉換探測器最敏感的頻帶。

甚高頻帶（100 kHz~1 THz）：這是地面上探測引力波的高頻共振腔、雷射干涉儀和高斯束探測器最敏感的頻帶。

高頻帶（10 Hz~100 kHz）：這是地面上探測引力波的低溫共振探測器和雷射干涉儀最敏感的頻帶。

中頻帶（0.1 Hz~10 Hz）：這是地面和太空探測引力波團隊均關注的頻帶。

低頻帶（100 nHz~0.1 Hz）：這是太空探測引力波的雷射干涉儀最敏感的頻帶。

甚低頻帶（300 pHz~100 nHz）：這是波靉定時實驗最敏感的頻帶。

超低頻帶（1 aHz~300 pHz）：這是類星體（魁靉）天文測量探測最敏感的頻帶。

極低頻帶（0.01 aHz~10 fHz）：這是宇宙背景輻射不等向性和偏振實驗最敏感的頻帶。

黑洞大小分類

恆星級質量黑洞（Stellar-mass BHs, $3 M_\odot < MBH \leq 100\ M_\odot$）：和恆星演化最為相關，高、中頻帶引力波探測。

超大質量黑洞（Supermassive BHs, SMBHs; $MBH \geq 10^6 M_\odot$）：和星系演化最為相關，低、甚低頻帶引力波探測。

中級質量黑洞（Intermediate-mass BHsIMBHs; $100 M_\odot < MBH < 10^6 M_\odot$）：和第三類恆星演化、球型星團演化最為相關，中、低頻帶引力波探測。

◎ 太空引力波探測

太空引力波探測在2016年雷射干涉太空天線開路者號實驗成功後，無拖曳技術已臻成熟，為各種計畫奠了基礎。表二列出各種重力波太空計畫概念；其中，LISA已立項。AMIGO重力波太空計畫概念是筆者提出的，在技術上較為成熟的中頻重力波計畫概念。

◎ 其他頻段的引力波觀測

現今比較重要的其他頻段引力波觀測，有甚低頻帶的波霎定時網，以及極低頻帶的微波宇宙背景輻射不等向性和偏振的觀測。

表二　重力波太空計畫概念表

太空計畫概念	航天器組態	臂長（G：10^9）	軌道周期	航天器數目
繞太陽軌道的重力波太空計畫				
LISA	落後地球20°的類地太陽軌道	2.5 G公尺	1年	3
eLISA	落後地球10°的類地太陽軌道	1 G公尺	1年	3
ASTROD-GW 重力波探測天竿計畫	3個太空船分別在日地拉格朗日L3、L4、L5點附近	260 G公尺	1年	3
Big Bang Observer	類地太陽軌道	0.05 G公尺	1年	12
DECIGO	類地太陽軌道	0.001 G公尺	1年	12
ALIA	類地太陽軌道	0.5 G公尺	1年	3
TAIJI空間太極計畫	類地太陽軌道	3 G公尺	1年	3

Super-ASTROD 超極天竿計畫	3個太空船分別在 日木拉格朗日L3、 L4、L5點附近;另 1-2個太空船在5AU 的太陽軌道	1300 G公尺	11年	4 or 5
AMIGO	類地太陽軌道 （或各種繞地軌道）	0.01 G公尺	類地太陽 軌道1年	3
繞地球軌道的重力波太空計畫				
OMEGA	0.6 Gm 高的 繞地軌道	1 G公尺	53.2日	6
gLISA/GEOGRAWI	地球同步軌道	0.073 G公尺	24小時	3
GADFLI	地球同步軌道	0.073 G公尺	24小時	3
TIANQIN 天琴引力波探測計畫	0.057 Gm 高的 繞地軌道	0.11 G公尺	44小時	3
ASTROD-EM 地月重力波探測 重力計畫	3個太空船分別在 地月拉格朗日L3、 L4、L5點附近	0.66 G公尺	27.3日	3
LAGRANGE	3個太空船分別在 地月拉格朗日L3、 L4、L5點附近	0.66 G公尺	27.3日	3

延伸閱讀

1. Chiang-Mei Chen, James M. Nester and Wei-Tou Ni, A brief history of gravitational wave research, *Chinese Journal of Physics*, 55, 142-169(2017).
2. Kazuaki Kuroda, Wei-Tou Ni and Wei-Ping Pan, Gravitational waves: Classification, Methods of detection, Sensitivities, and Sources, *Int. J. Mod. Phys. D*, Vol. 24, 135031(2015).
3. Wei-Tou Ni, Gravitational Wave (GW) Classification, Space GW Detection Sensitivities and AMIGO (Astrodynamical Middle-frequency Interferometric GW Observatory), arXiv:1709.05659.

倪維斗：清華大學物理系

證實重力波存在的功臣——
雷射干涉重力波觀測站

文｜潘皇緯

　　電影《星際效應》（*Interstellar*）中描述當人類進入大質量星體的引力範圍後，產生時間變慢的時間膨脹現象，例如在強重力場中的每小時相當於地球上的數年，導致後來男主角比在地球上的女兒明顯年輕許多。然而這些現象並非全然是電影效果，人類對這些現象的理解均基於愛因斯坦提出的相對論，他提到重力即是時空扭曲的表現，質量越大的星體，附近的時空扭曲越嚴重，會嚴重影響附近的時間與空間，例如黑洞與中子星。黑洞與中子星是恆星演化到末期的產物，生成黑洞或中子星取決於恆星的質量大小。這些星體在宇宙中的質量分布會因為運動或合併而改變，而質量分布變化所產生時空的波動，稱為重力波。

　　早在1916年愛因斯坦提出廣義相對論時，他就預測了重力波的存在。直到1974年後赫斯（Russell A. Hulse）與泰勒（Joseph H. Taylor Jr.）發現脈衝雙星系統，並經過長時間觀察發現雙星系統的公轉週期有逐年變小的趨勢，這代表雙星系統存在著某種能量損失，使得兩星體逐漸靠近。他們將觀測到的數據與愛因斯坦的理論模型進行分析，發現觀測數據與重力波能量散失的理論十分吻合，該發現是天文觀察史上第一個「間接」證明重力波存在的證據，這個偉大的發現也使得赫斯與泰勒獲得

1993年諾貝爾物理獎。然而科學家始終希望能直接偵測到重力波，除了能證明廣義相對論的正確性，更能透過多元信息偵測（multi-messenger）的方式探索宇宙的奧秘。重力波終於在廣義相對論被提出後一百年，於2015年9月14日，成功被人類直接偵測到。

● 微弱的重力波如何偵測？

　　當重力波抵達地球時會出現什麼現象呢？重力波的現象好觀察嗎？重力波既然是波動就有其頻率與振幅，傳播速度為光速且強度也與傳播距離平方成反比，符合一般的波動特性。重力波通常來自於星體的互繞與碰撞，頻率通常很低；重力波在空間中傳播會使橫向於傳播方向上的兩垂直長度L變成L±L，長度改變量為L，改變的頻率與重力波頻率一致，L的值則與重力波強度有關。但由於這些天文現象均距離地球很遠，經過長距離的傳播，其強度所造成的長度改變量很小，約略為 10^{-19} 公尺甚至更小，形變變化率（strain，L/L）約為 10^{-23}，想要量測如此微小的長度改變量，必定是一項極為困難的挑戰。為了量測重力波帶來如此微小的長度改變，科學家們使用各種方式進行偵測。

　　重力波偵測的先驅者韋伯（Joseph Weber）利用長約2公尺直徑約1公尺的鋁金屬圓柱進行重力波偵測，透過量測鋁圓柱經長度擾動造成的共振頻率改變來偵測重力波，並聲稱量測到「重力波訊號」，但由於該實驗結果無法被用相同方式重複得到，引發相當大的質疑，最後經過多次的重覆實驗與計算後，認為韋伯所量測的訊號極可能為雜訊。而如何克服雜訊問題也是重力波偵測的核心關鍵課題。

　　1970年代，麻省理工學院的魏斯（Rainer Weiss）最先具體的提出以雷射干涉儀進行重力波偵測的可行方式。起初他於實驗室內架設一臂

長為一點五公尺的雛型干涉儀進行先驅實驗，但若要真正偵測到重力波，必須使用比雛型長上數千倍的干涉儀。為了實現這大膽的設計，魏斯與加州理工學院（Caltech）的理論物理學家索恩（Kip Thorne）合作，並開始了MIT與Caltech的重力波偵測合作計畫。不久後蘇格蘭實驗物理學家德瑞福（Ronald Drever）與美國實驗物理學家巴利許（Barry Barish）也相繼加入合作團隊，共同致力於重力波偵測計畫，提升雷射干涉偵測器的靈敏度。並於1993年獲得美國國家科學基金會（NSF）的長期大型經費支助，建立雷射干涉重力波觀測站（LIGO）以及LIGO科學合作聯盟（LIGO Scientic Collaboration，簡稱LSC）。經過該團隊二十多年的努力，終於在愛因斯坦發表廣義相對論的一百年後，於2015年9月14日第一次偵測到重力波訊號，並經過五個月的嚴謹檢查與確認，於2016年2月12日發布。該訊號是來自於13億光年外的雙黑洞合併現象。今年2017年10月所頒布的諾貝爾物理獎也頒給了雷射干涉重力波偵測站的創辦元老魏斯、索恩以及巴利許，可惜的是德瑞福於2017年3月過世，沒能獲得此殊榮。

◉ 雷射干涉重力波偵測站

　　LIGO目前有兩座偵測器分別位於美國華盛頓州（Hanford, Washington）與路易斯安那州（Livingston, Louisiana），如圖一所示。另有一座由法國—義大利合作的觀測站，簡稱Virgo，位於義大利境內。雷射干涉重力波偵測儀，其構造為一麥克森干涉儀（Michelson interferometer），具有兩垂直的臂，臂長為4公里，如圖二所示。雷射光從光源處出發，通過分光鏡（beam splitter）一半反射一半穿透，將光分為相互垂直的兩路，傳播到末端的反射鏡後沿著原路徑回來，最後在光偵測器

圖一　位於美國路易斯安那州的 Livingston（左）與華盛頓州的 Hanford（右）雷射干涉重力波偵測站。（Caltech/MIT/LIGO Lab）

（photodetector）處疊加後被接收。開始偵測前，透過調整可使到達光偵測器位置時光強度為波峰對波谷的破壞性加，此時光偵測器接收到的訊號即為零；重力波到達時，使其中一臂伸長，另一臂縮短，兩臂的長度不同，兩道波前到達光偵測器時具有相位差，疊加後的光訊號則不是零，此時偵測器觀測到光訊號由暗變亮的過程即反映出重力波的效應。但過程中系統產生的雜訊要被降到低於重力波造成的訊號，如此才能偵測到重力波訊號所導致的微小長度改變量（10^{-19}公尺）。

　　圖三是 LIGO 系統的雜訊頻譜，由雜訊頻譜得知雜訊有許多來源，每種雜訊都會隨頻率有不同的分布，黑色實線為系統雜訊總和，雜訊來源包含地質震動的雜訊（seismic noise）、周邊環境重力梯度的影響（gravity gradient）、懸吊系統的熱雜訊（suspension thermal noise）、殘餘氣體的擾動（excess gas）、雷射系統的量子雜訊（quantum noise）以及反射鏡鍍膜材料的熱擾動雜訊（coating Brownian noise）等，雜訊總和必須

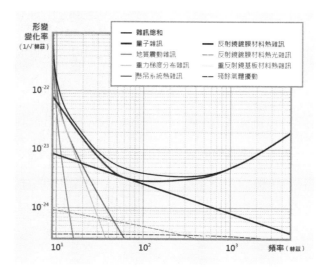

圖三 LIGO雜訊頻譜。

低於重力波訊號所產生的長度改變量,才能有效的解析重力波訊號。從圖三可知,目前LIGO雜訊最小的頻率區間大約在100~1000赫茲左右,是LIGO偵測器最靈敏的頻率區間。

　　一般而言地質震動約略有數十奈米甚至更大的背景震動,造成的形變變化率約為10^{-11},這對LIGO而言是相當大的雜訊。為了避免地質震動雜訊,LIGO科學家們研發一種特殊的懸吊避震系統(圖二),將偵測器所有光學物件都懸掛起來,特別是高反射鏡。此避震系統能將20赫茲以上的地質震動降低到10^{-24}以下,有效的隔絕地質的震動雜訊;殘餘氣體的擾動能透過幫浦抽氣,將系統維持在高真空來避免,但因系統體積相當龐大,要達到並維持4×10^{-7}帕的高真空需要很先進的真空技術。雷射

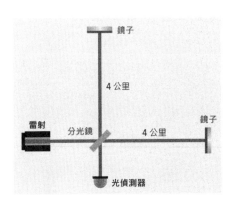

圖二 雷射干涉重力波偵測站與懸吊避震系統。（Caltech/MIT/LIGO Lab）

系統的量子雜訊以及反射鏡鍍膜材料的熱擾動雜訊是偵測站在100赫茲附近靈敏度受限的重要關鍵。量子雜訊可分為雷射的輻射壓雜訊（radiation pressure noise）與雷射的散粒雜訊（shot noise）。一般而言加大雷射系統的功率，能降低高頻區段的散粒雜訊，但同時低頻區段的輻射壓雜訊也會變大，可適當地調整雷射系統功率，使得100赫茲附近的量子雜訊降低。為了降低反射鏡材料的熱擾動雜訊，必須使用熱擾動較低的材料作為高反射鏡材料，目前使用的材料是摻雜鈦的氧化鉭（Ti:Ta$_2$O$_5$）與二氧化矽（SiO$_2$）薄膜以四分之一波長光學厚度相互堆疊於直徑34公分、厚度20公分的熔融石英玻璃（fused silica）上（圖四），達到低光學吸收與低熱雜訊的高品質反射鏡。經過科學家二十餘年的努力與尖端科技的結晶，目前LIGO可達到的雜訊頻譜在100赫茲附近約可到達 4×10^{-24} 的

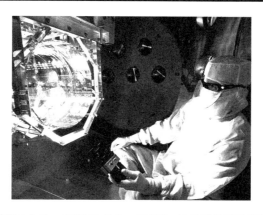

圖四　LIGO 直徑 34 公分、厚度 20 公分，重量為 40 公斤的高品質反射鏡。（Matt Heintze/Caltech/MIT/LIGO Lab）

形變變化率。

在LIGO運作的期間內，已成功偵測到四個來自雙黑洞合併的重力波訊號，並且被發表。更令科學家們興奮的是2017年10月16日LIGO宣布人類首次觀測到雙中子星互繞後合併的天文現象，不同於黑洞合併，中子星合併會伴隨著電磁波訊號的產生。兩中子星合併所形成的重力波訊號和重力波產生來源的大略位置首先被LIGO與Virgo偵測到，伽瑪射線於重力波偵測到的1.7秒後，也被費米實驗室的伽瑪射線衛星偵測到。經由LIGO的預警通告，全球六十餘個電磁波望遠鏡立即追蹤，因此隨後產生的X射線、紫外線、可見光、無線電波等電磁波也被全球各地的天文觀測站於合併後的數十天之內陸續被偵測到，且其來源亦被精確定位。數據分析結果顯示這是一次完美的多元訊息天文觀測（multi-messenger astronomy）展現，印證了早先中子星合併現象的理論推論，包括證實重

金屬，諸如金、鉑、鈾等的來源，這也是人類第一次同時觀察到雙中子星合併所發出的重力波與伽瑪射線暴（gamma-ray burst）。

● LIGO開啟新領域──重力波天文學

成功偵測到重力波後的LIGO未來有什麼規劃？一方面是**繼續提升靈敏度**，增加探索區域與偵測率，另一方面是建造全球重力波偵測網（global network），如圖五，包含現有的美國兩座LIGO偵測站、義大利Virgo以及德國的GEO600，未來還會加入日本的地下低溫偵測站KAGRA，以及位於印度的LIGO India。假以時日，若這些重力波偵測站都能正式運行，則可進行多點偵測，能更精準定位重力波源。

這些建造在陸地上的陸基偵測站，受限於佔地與地質震動等因素，僅能偵測頻率範圍從數十到數千赫茲的重力波訊號。為了拓展可偵測頻率範圍，歐洲太空總署（ESA）正計畫進行雷射干涉太空天線偵測站計畫

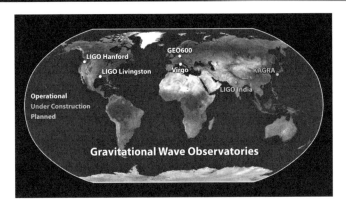

圖五 全球重力波偵測網。（Caltech/MIT/LIGO Lab）

（Laser Interferometer Space Antenna, LISA），其目標是將偵測站與兩面反射鏡分別搭載在三個人造衛星上，並發射到外太空，形成一座臂長約500萬公里的超大型麥克森干涉儀進行重力波偵測。將偵測站架設在外太空中有諸多好處，包含空間不受限制、可完全避免地質震動的干擾以及太空的高真空使殘餘氣體的影響近乎可以忽略，使LISA能夠偵測更低頻的重力波來源（約10^{-2}赫茲），期望未來LISA能夠提供更寬廣的重力波偵測範圍，拓展人類對更多天文現象的探索能力。

此外科學家們也利用脈衝星陣列（Pulsar Timing Array, PTA）進行極低頻的重力波探測（小於10^{-6}赫茲），由於脈衝星的南、北極會發出電磁波，因為自轉的關係，該電磁波每隔一段時間會掃過地球，被人類偵測，有如一座燈塔，這個週期極為穩定，可以用來作為計時的單位。倘若發現某脈衝星的頻率改變，則可能是重力波通過脈衝星，若選擇數顆相隔甚遠距離的脈衝星形成一脈衝星陣列，就可以透過脈衝星的頻率變動來偵測超低頻的重力波，主要探測目標是超大雙黑洞系統（supermassive blackhole binaries）與宇宙形成初期的重力波訊號。

雙黑洞合併與雙中子星合併的重力波訊號一一被偵測到，證實了愛因斯坦對重力波的預言，LIGO的成功更開創了人類的重力波天文學，以前的人類只能透過肉眼觀察星象發出的可見光，後來發展了天文望遠鏡能夠觀察不同星體發出的紅外線、X射線、無線電，現在重力波偵測站成為人類探索宇宙的耳朵，透過重力波偵測，我們可以「聽到」遙遠的天文現象，透過多元信息偵測（multi-messenger）的方式探索宇宙的奧秘，未來重力波偵測必將成為人類更加了解宇宙奧秘的關鍵。

我們可發揮無盡的想像力，重力波既是波動，說不定在未來的某天重力波會被用來作為通訊用途，就猶如電影星際效應透過重力擺動手錶

秒針來傳達訊息一樣，畢竟偵測到重力波只是一個開端，愛因斯坦於一百年前認為重力波不可能被偵測到，我們雖沒有愛因斯坦的聰明，但目睹因近代科技發展導致的成功偵測，我們對未來科技能到達什麼境界，是比愛因斯坦更有信心的，讓讀者與我們一同引頸期盼。

延伸閱讀

1. The Nobel Prize In Physics 2017, Cosmic chirps, goo.gl/VEUAv7。
2. GW170817重力波訊號與多元信息偵測介紹影片，goo.gl/CYB9HH。
3. 脈衝星陣列，goo.gl/nJnHvt。

潘皇緯：清華大學光電所博士候選人

隔空取物？化想法為現實的光鑷

文｜魏名佐、黃鈺珊、邱爾德

2018年的諾貝爾物理桂冠頒給了亞希金、史崔克蘭和穆胡，
以表彰他們在雷射科學上的突破性貢獻。

亞瑟・亞希金
Arthur Ashkin
美國
貝爾實驗室研究員
（Nokia Bell Labs）

唐娜・史崔克蘭
Donna Strickland
加拿大
滑鐵盧大學
（University of Waterloo）

熱拉爾・穆胡
Gérard Mourou
法國
巴黎綜合理工大學、
羅徹斯特大學、
密西根大學
（University of Michigan）

2018年的諾貝爾物理獎頒發給在雷射物理領域有突破貢獻的亞希金、史崔克蘭和穆胡。後二位科學家因高強度超短脈波光學（High Intensity Ultra-Short Optical Pulses）的貢獻獲得表彰；而亞希金開發的光鑷（Optical Tweezers）及其相關生物應用，使得他創下史上最高齡（九十六歲）的諾貝爾獎得主。這也是繼超高亮度藍光二極體及高解析度螢光顯微科技於2014年分別得到諾貝爾物理及化學獎後，不到五年的時間，光學物理學家再次得到諾貝爾物理獎的榮譽。

● 亞希金──終身致力於科學研究的典範

亞希金從小就對科學特別有興趣，甚至自嘲科學研究是他唯一擅長的事。自1952年取得康乃爾大學核子物理學博士學位之後，便加入AT&T貝爾實驗室進行微波和雷射的相關研究。亞希金擁有將近五十項研發專利，並在非線性光學及光折變效應（photorefractive effect）有卓越貢獻。在貝爾實驗室工作四十年後，他於1992年退休，至今仍在實驗室進行研究。當亞希金得知獲得諾貝爾獎時，第一時間他向委員會表示自己正專注於太陽能的研究，目前非常忙，可能沒時間接受訪問。

● 光鑷：取物於無形的絕妙點子

亞希金後續在接受記者訪問時自豪地表示：「你知道什麼是光鑷嗎？」他拿著於2006年發表的著作《利用雷射光學捕捉和操縱中性粒子》（*Optical Trapping and Manipulation of Neutral Particles Using Lasers*），指著書封說：「這裡有道綠色雷射光經過透鏡聚焦在玻璃小球上……，你以為光只會加熱使小球的溫度上升或是推開小球，但在這裡，光在小球裡彎曲（在小球介面反射轉向），使得小球被抓住。」亞希金描述的是他於1986

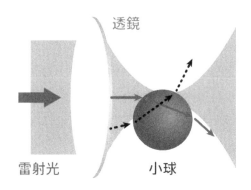

透鏡

雷射光　　　　　小球

圖一　單光束光鉗示意圖。

年發表的突破性研究，利用單獨一道高度聚焦的雷射光束形成穩定的三度空間位能阱，吸引電介質粒子並局限在光束的焦點附近（圖一）。

　　他將此技術命名為「單束光梯度光阱」（single-beam gradient force optical trap），可用來抓取並移動從數十奈米到數十微米的微小粒子（1奈米相當於千分之一微米，十分之一億公尺），即為之後廣為人知的光鑷技術。這篇發表在《光學》（Optics Letters）期刊上的文章至今已有超過六千二百次的引用數，也是亞希金被稱為「光鑷之父」的代表作。相較於賓寧（Gerd Binnin）、魯斯卡（Ernst Ruska）及羅雷爾（Heinrich Rohrer）於1986年獲得諾貝爾物理獎的原子力顯微鏡研究，光鑷利用光的穿透性，不用藉由接觸即可猶如「隔空取物」般對物體施力。正如瑞典皇家科學院對亞希金研究的簡述：「這個新工具實現科幻小說的舊夢，利用光的輻射壓力移動物體。」

○ 嶄新的生物醫學研究

亞希金在接受電話訪談時提到：「當初許多人認為利用光抓住生物體是誇大的說法。」1987年，亞希金於《自然》和《科學》發表關鍵文章，成功展示光鑷捕捉並移動病毒、細菌、酵母菌、紅血球、海藻及活細胞等生物體的能力，並且不會對樣品造成損傷，證實其可行性。1990年，亞希金更進一步利用紅外線雷射光進行細胞雷射微手術，使用光鑷操控細胞中胞器，深入細胞內卻不破壞細胞膜，開啟微米與奈米尺度的生物物理（力學）研究的大門，啟發後續無數革命性的研究。

光鑷可提供非常精密微小的力（大約為一兆分之一牛頓；而一個小蘋果的重量大約為1牛頓），不但可以操控生物體，亦可測量單分子之間的作用力，研究更微觀的生物物理機制，例如分子馬達在細胞骨架上的運動機制、DNA／RNA的力學與非平衡統計力學、基因轉錄的過程，以及蛋白折疊的動力學等，為生命科學研究開拓嶄新的視野。

○ 生物物理的新篇章

筆者在過去十五年，於陽明大學生醫光電研究所及生醫光電暨分子影像研究中心已建立許多新穎的光學微操控平臺，並與許多國內外研究團隊合作，完成多項在生物物理領域具指標性的研究，包含多醣體與膜蛋白之間的免疫機制探討、單分子蛋白作用力的量測、DNA修復蛋白的動力學、細菌及寄主細胞的相互影響、小鼠胚胎細胞捕獲和融合及精子的活性研究等。不僅曾利用光鑷抓住人類肺癌上皮細胞內的胞器層狀體（lamellar body），藉由胞器和光鑷的相互位移，測量細胞內的黏彈性（viscoelasticity）；亦發展「雙光鑷生物延展器」，利用光子動量在細胞內

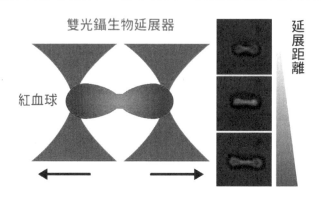

圖二　雙光鉗生物延展器拉扯懸浮的紅血球。（作者提供）

外的差異，使懸浮的紅血球伸縮變形（圖二）。這些新穎技術可在不破壞細胞狀態下，使用非接觸的方式，瞭解細胞的軟硬度及內部非穩定態與非線性力學性質，如同藉由軟硬適中的特性判斷水果的新鮮度一般，進一步瞭解其健康狀態，包括癌細胞轉移、幹細胞分化程度等，都與細胞內部力學性質有密切關係。

● 與量子物理的交會

　　光鑷不僅在生物物理學上有著卓越的貢獻，更促成了量子物理研究的重要發展。前美國能源部（United States Department of Energy）部長朱棣文（Steven Chu）當時參與亞希金在貝爾實驗室利用雙光束雷射光抓住原子的研究，提到與亞希金共事經歷時，朱棣文表示與亞希金交談過程中，瞭解亞希金想用光捕獲原子的想法。後來，朱棣文利用此概念發展雷射冷卻技術（laser cooling），並成功捕獲原子，藉此更加瞭解

量子物理的作用機制，也使他在1997年獲得諾貝爾物理獎。

○ 結語

　　這幾年隨著光學及雷射技術的成熟，光鑷已發展出各式各樣的創新以及多功能的應用。光鑷不只在光物理學、量子物理學及生物物理學上有重大貢獻，也有越來越多應用於探討凝態物理學、高分子物理學、流體力學及膠體和懸浮體等相關議題的突破性成果。綜上，亞希金在光鑷的重大貢獻、對於基礎科學研究的熱忱及堅持，透過一個創新的想法開拓整個全新的科技領域，這遲來的諾貝爾榮耀實至名歸，我們衷心祝賀他！

魏名佐：美國普林斯頓大學化學與生物工程學系博士後研究員
黃鈺珊：德國慕尼黑亥姆霍茲中心生物與醫學影像研究所博士後研究員
邱爾德：陽明大學兼任教授（榮譽退休教授）

雷射功率不斷提升，
期待將能量轉為物質的未來

文｜林宮玄

　　2018年諾貝爾物理獎表彰雷射物理領域中兩個技術的重要突破，其中一項為諾貝爾獎得主穆胡（Gérard Mourou）和史崔克蘭（Donna Strickland）發明的「啁啾脈衝放大」（chirped pulse amplification），突破脈衝雷射強度的瓶頸，產生超強與超短的脈衝雷射光。什麼是「脈衝雷射」？什麼又是「啁啾脈衝」？超短與超強的脈衝雷射又能帶來什麼呢？

● 脈衝雷射

　　如圖一所示，物質中的電子可藉由光吸收得到能量，由基態躍遷到激發態。電子在高能量的激發態停留一段時間後，會自行掉回基態並放出對應能量的光，稱為自發放光（spontaneous emission）。若電子在激發態時，被相同躍遷能量的光「刺激」掉回基態放光，稱受激放光（stimulated emission），其放出的光波與入射光有相同波長與行進方向。雷射的英文為laser，是light amplification stimulated emission radiation的縮寫，其原理就是讓許多電子停留在激發態，利用受激放光放大光電磁場，產生高亮度及高指向性的雷射光。

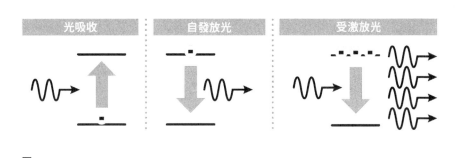

| 光吸收 | 自發放光 | 受激放光 |

圖一

脈衝雷射，就像是照相機的閃光，強度只持續短暫的時間。現今脈衝雷射的脈衝時間，可以短到奈秒（nanosecond, 10^{-9}秒）、皮秒（picosecond, 10^{-12}秒）、飛秒（femtosecond, 10^{-15}秒）、埃秒（attosecond, 10^{-18}秒）等級。超短脈衝可將能量集中在很短時間內，所以瞬間功率很強。一般1瓦的連續光雷射，1焦耳的能量平均分散在1秒中。1焦耳能量若集中在1皮秒脈衝光內，根據瞬間功率的定義：能量除以脈衝時間，瞬間功率可達1兆瓦（10^{12}W），比平均功率大了十二個數量級。

⦿ 啁啾脈衝

1960年雷射問世後，脈衝雷射的發展大致追求兩個方向，其一是提高瞬間功率，另一個是縮短脈衝時間。1970~1990年間，脈衝雷射的瞬間功率遇到瓶頸，停留在100億瓦左右。雖然原理上脈衝雷射可藉由受激放光不斷放大瞬間功率，但能量最後太高，會破壞光學元件而無法再增強。穆胡和史崔克蘭突破瓶頸所用的方法是先降低瞬間功率以提升總能量，因為瞬間功率是能量除於脈衝時間，先將脈衝時間拉長而降低瞬間

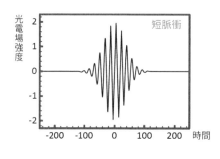
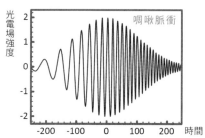

圖二

功率，就能在不破壞光學元件下進一步增加雷射脈衝的能量。

　　1985年，他們利用1.4公里長的玻璃光纖，將短脈衝的脈衝時間拓寬一千倍以上，不同顏色（頻率）的光在光纖玻璃中的行進速度些微不同而在時間上分開。圖二顯示短脈衝的光電場振盪行為，脈衝寬度在色散後變寬，振盪頻率隨著時間變化。低頻率而長波長的光速度較快，跑在前面，高頻的光在後。這種頻率隨時間變化的現象，就如同小鳥啁啾唱歌，音頻隨時間高低起伏變化，因此時間上的色散現象也稱「啁啾」。脈衝時間被拉長的啁啾脈衝，經由受激發光進一步放大光電磁場後，可利用兩個光柵補償色散時間長，將脈衝時間縮為原來的短脈衝寬度，瞬間功率可因此提升好幾個數量級。

　　啁啾脈衝放大技術，不但突破瞬間功率的瓶頸，也間接突破脈衝時間縮短的瓶頸。1980年前，脈衝時間從數百皮秒縮短到10飛秒只發展十年左右，但之後的二十年，卻只成功再縮短到2到3飛秒。要產生越短的脈衝，需要更多的光頻率同時產生。啁啾脈衝放大使脈衝雷射瞬間功率

繼續提升，讓高諧頻生成（high harmonic generation）技術更有效拓展光頻率，使脈衝時間突破飛秒瓶頸進入埃秒。就如同照相機的閃光燈在短時間內提供曝光成像的足夠亮度，雷射脈衝越短越亮，就越能補捉更快的動態。1999年諾貝爾化學獎表彰飛秒雷射光譜技術觀察化學反應中飛秒等級的超快變化。當脈衝光源時間進入更短的埃秒，表示科學家可利用埃秒雷射觀察更快的動態，譬如電子躍遷所需要的時間可能在埃秒尺度。

◎ 脈衝雷射應用

利用啁啾脈衝放大而發展出來的脈衝雷射瞬間功率，在1990年代初期已強到可直接剔除材料中的原子。利用超短脈衝雷射的冷加工，原子因電子游離而被剔除。與一般利用高功率雷射加熱熔融切割的原理不同，其切割線寬可細到微米（micrometer）等級。現今，脈衝雷射已應用於工業界精密加工或治療近視等精密雷射外科手術等，此外也應用於材料表面改質，例如在表面形成微奈米結構改變顏色。不僅如此，也可將表面改質為超低反射的超黑材料，運用在太陽能電池提升光吸收率。

雷射功率不斷的提升，使人類可以用實驗的方法探索許多未知。目前雷射所能提供的能量密度與高溫高壓，已可提供天文學家在實驗室設計操作實驗，不再只是被動從已發生的天文現象尋找線索，譬如行星的形成是在高溫高壓下進行，使氫融合成氦再融合成更大的原子。核融合發電也一直是人類追求的目標，現仍在實驗研究階段。2018年初，中國科學院上海光學精密機械研究所的科學家雄心勃勃地發布消息，要在幾年內建出世界最強的1萬兆瓦脈衝雷射裝置，俄羅斯、日本及穆胡在捷克領導的團隊也都正在建置此等級的雷射設施。過去，科學家已成功觀察

到物質可消失轉換成能量，證實愛因斯坦 $E = mc^2$ 質能互換公式。當雷射能量密度提升到 1 萬兆瓦，也許人類能反過來將能量轉換成物質，期待未來能觀察到雷射在真空中產生電子與其反物質正電子。

延伸閱讀

1. The Nobel Prize in Physics 2018, The Nobel Prize, https://reurl.cc/Agz5d.
2. Gérard Mourou and Donna Strickland, Physicists are planning to build lasers so powerful they could rip apart empty space, *Science News*, 2018.
3. Edwin Cartlidge, Physicists are planning to build lasers so powerful they could rip apart empty space, *Science News*, 2018.

林宮玄：中央研究院物理研究所

2019

成功建立描述
宇宙本質與起源的模型

文│蔣龍毅

2019年的諾貝爾物理桂冠頒給了皮博斯，
表彰他在暗物質、宇宙微波背景輻射等宇宙物理學上的貢獻。
另外也將同等榮譽頒給梅爾及奎洛茲，
表彰他們在瞭解地球在宇宙地位上的貢獻。

詹姆士・皮博斯
James Peebles
加拿大、美國
普林斯頓大學
（Juan Diego Soler, CC BY-SA 2.0,
Wikipedia）

麥可・梅爾
Michel Mayor
瑞士
日內瓦大學
（© Jean Mayerat）

迪迪埃・奎洛茲
Didier Queloz
瑞士
劍橋大學、日內瓦大學
（M.McCaughrean (ESA)/ESO）

2019年10月8日在瑞典斯德哥爾摩的皇家科學院宣布皮博斯為今年諾貝爾物理學獎得主，網路世界如臉書、推特等都紛紛響起一片讚譽。過去三個和宇宙學相關的諾貝爾獎都授予觀測成就，如1978年頒給觀測到宇宙微波背景輻射（cosmic microwave background, CMB）、2006年觀測到CMB的黑體形式及細微的異向性，以及2011年的宇宙加速膨脹。皮博斯是首位獲頒諾貝爾獎的理論宇宙學家，以表彰他在宇宙物理學（physical cosmology）的理論貢獻。

皮博斯的研究生涯也確實幾乎等同於宇宙物理學理論建立的過程。他曾經在訪談提到自己的研究生涯樣態是隨機漫步（random walk），他不喜歡一輩子只追求單一研究主題，因此很難指出一項劃時代的發現，但他對宇宙學的貢獻是全面性的，從CMB理論的逐步建立，暗物質、暗能量到宇宙大尺度結構的演化，都有他漫步的足跡。

● 現今宇宙演化模型

自古以來人類對宇宙的好奇都局限在神學或哲學性的思辨。到了上個世紀初，宇宙學隨著近代物理從最小尺度的粒子物理學，到最大尺度的廣義相對論發展逐步建構而成。現今所廣為接受的宇宙演化模型稱為「具宇宙常數的冷暗物質」（ΛCDM），說明宇宙年齡為138億年，含有5%的一般物質、26%暗物質及69%暗能量。

宇宙極早期經歷暴脹（cosmic inflation），把原先已達成熱平衡的區域膨脹，造成CMB的同向性。隨著溫度下降，宇宙從大霹靂至此歷經38萬年物質與光子脫離耦合（decoupling）且變得透明，早期宇宙演化的特徵就印記在這些光子，經宇宙膨脹成為CMB。而脫離耦合的物質在重力的影響漸漸聚集形成星系及星系團等。原本慢下來的宇宙膨脹在約50億

年前，由於暗能量的影響開始加速膨脹至今。

● 追逐宇宙微波背景輻射

其實皮博斯在五十年前就曾與諾貝爾獎失之交臂。1950年代起，科學家在兩個宇宙演化理論，大霹靂模型及穩態宇宙理論之間爭論不休。大霹靂指的是宇宙從極度高溫態降溫膨脹；穩態宇宙論則認為宇宙的密度在動態中大致保持恆常。此僵局被CMB的發現所打破。CMB作為熱霹靂宇宙理論的證據，它的發現非常戲劇性，而皮博斯在這場追逐CMB的競賽裡扮演著舉足輕重的角色。

1940、50年代以伽莫夫（George Gamow）為首的科學家根據大霹靂模型計算出宇宙餘溫溫度，但此理論鮮為人知。而1950年，代魯克斯（E. Le Roux）及舍莫諾夫（T. Shmaonov）都分別在他們的博士論文提及量測到不知名電波雜訊，於波長33公分時溫度各為 3 ± 2 K 及於3.2公分時的 4 ± 3 K。1960年代中期，當皮博斯還是普林斯頓大學的研究生時，與指導教授迪克（Robert H. Dicke）根據布蘭斯－迪克理論（Brans-Dicke theory）估算出宇宙餘溫，並且嘗試著組建電波望遠鏡探測CMB。同時，就在距離普林斯頓大學60公里遠處，彭齊亞斯（Arno Penzias）和威爾森（Robert Wilson）兩位貝爾實驗室的科學家也在檢驗一個高靈敏度微波號角型天線，他們發現此天線持續的量測到同向性（isotropic）的雜訊。

為了排除此雜訊，他們甚至清除掉天線裡的鴿子糞，但雜訊仍持續且非由特定的天體所發出。而比起前面兩位博士生幸運的是，麻省理工學院的柏克（Bernard F. Burke）教授聽過迪克的演講，把他們量測到的雜訊消息傳到在普林斯頓大學的迪克及皮博斯，兩人立即知道自己被搶先一步，他們所發現的正是大霹靂餘暉，宇宙演化的證據。彭齊亞斯及

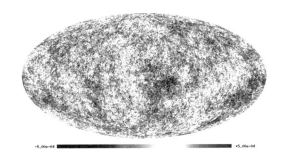

圖一　普朗克衛星所量測之溫度向異性分布（單位K）。影像上的色彩細微變化代表背景輻射在2.725 K的微小溫度起伏。根據大霹靂理論，這些對應著早期宇宙物質分布的細微差異，是現今所觀測到的星系、星系團及宇宙大尺度結構的種子。（作者提供）

威爾森隨後在1978年摘下諾貝爾物理獎桂冠。

　　在大霹靂理論大獲全勝之後，科學家了解宇宙具有演化特性，皮博斯開始思考宇宙大尺度結構的來源與演化。他是第一批科學家了解到現有的物質在重力塌縮之下，仍不足以形成現在觀測到的星系及星系團，也大膽猜想CMB在3 K細微的異向性及大尺度結構的關聯性。

○ 電腦模擬宇宙演化及暗物質

　　在個人電腦還未誕生的年代，皮博斯是首批利用超級電腦模擬宇宙演化的科學家。他在1969年就使用位於新墨西哥州洛斯阿拉莫斯國家實驗室（Los Alamos National Laboratory）電腦模擬星系在重力吸引下移動，而僅三百個星系的模擬卻跑了一整個週末！另外在1970年代天文學界發現一個奇怪現象，在螺旋星系邊緣的恆星繞行速度遠超出牛頓定律的預期，懷疑星系中有看不見的「暗物質」存在。皮博斯於是與同事歐斯

垂克（Jeremiah Paul Ostriker）利用當時非常初階的電腦模擬暗物質的存在，並在1974年發表論文證實普通星系的質量被低估至少十倍以上。

回顧歷史，當初被認為最有可能組成暗物質的粒子是微中子（neutrino），由於速度接近光速，故稱為熱暗物質（hot dark matter, HDM）。但科學家隨即發現，熱暗物質作為宇宙大尺度結構的主要參與作用物質，會形成一種「由上而下（top-down）」的結構產生順序，也就是先產生超大星系團，然後解裂成星系團及星系。但此結構產生順序會導致宇宙大尺度結構非常不均勻，與觀測不符。

於是皮博斯在1982年首先提出冷暗物質的宇宙模型。冷暗物質（cold

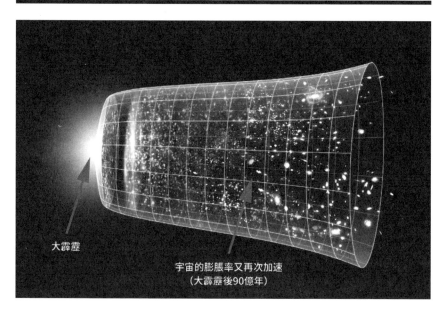

圖二　宇宙演化的具宇宙常數的暗冷物質模型。（NASA WMAP science team）

dark matter, CDM）是一種假設性的暗物質，之所以稱為「冷」，是因為此暗物質移動速率遠小於光速。在冷暗物質的宇宙模型中，由少量物質在重力下塌縮先合併在一起，結構由下而上層層增長（bottom-up），形成越來越巨大的結構。雖然目前仍未發現組成冷暗物質的粒子，但此冷暗物質模型較符合觀測結果。他隨即在1984年提出具宇宙常數的冷暗物質模型，成為當今成功描述宇宙起源及演化的標準模型。

● 實至名歸的諾貝爾獎得主

宇宙學是宇宙的考古學，相對於其它學門是十分新興的領域。英國的天文物理學家麥維第（George C. McVittie）在1956年曾說宇宙學的本質是統計學，但即使到1980年初的星系巡天測量也只有二千二百個星系紅移數據。然而，皮博斯在宇宙學的初期研究，不論理論、觀測及模擬都貧瘠缺乏的時代，尤其是在1971年出版的《宇宙物理學》（*Physical Cosmology*）教科書，將當初泛稱為重力物理研究統合聚為一門可觀測研究的學科。

就如同瑞典皇家科學院的讚譽：「皮博斯對宇宙物理學的洞察力豐富了整個研究領域，在過去的五十年中打下堅實的基礎，將猜想假設塑型成一門科學。他在70年代開始發展的宇宙學理論框架，成為當今我們對宇宙瞭解的基礎。」

蔣龍毅：中央研究院天文及天文物理研究所

地球並不孤單──尋找系外行星

文│辜品高

人類在探索宇宙的歷程中，不斷試圖尋找類似地球行星的存在，
藉此證明地球並不孤單。而在鍥而不捨地搜索後，
天文學家終於搜尋到多顆太陽系外的行星。

　　2019年諾貝爾物理學的一半獎金，由兩位瑞士天文學家梅爾（Michel Mayor）和奎洛茲（Didier Queloz）所共享，以表彰他們對於瞭解地球在宇宙地位的貢獻。1995年，時為日內瓦大學（Université de Genève）教授的梅爾和他的博士生奎洛茲，首次發現一顆環繞類似太陽恆星的系外行星。

　　獲獎宣布之後，奎洛茲接受英國廣播公司新聞頻道（BBC News）訪問表示無法相信自己能獲獎，畢竟在過去的二十五年，世人雖然都認為此為諾貝爾獎等級的發現，但始終都獎落人家，因此他也逐漸淡忘是否能得獎。事實上，過去能獲得諾貝爾獎的天文學家，大部分都與宇宙論或是重力場有關，即使在2019年，另一半的物理學獎還是頒給宇宙論的理論大將皮博斯（James Peebles）。

● 這是一場以小搏大的較量

　　直接觀測從系外行星發出來的光相當困難，主要的原因是母恆星的強大輻射完全吞噬行星的光。看不到行星，但是否有其他辦法知道它們

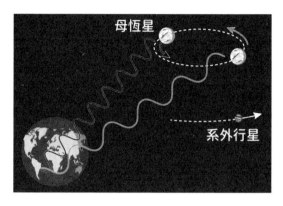

圖一　母恆星受看不見行星的擾動，所呈現都卜勒光譜位移的示意圖。

的存在？

　　兩個天體可以因彼此的重力，互相繞著共同質心運轉。所以當行星環繞恆星的時候，恆星同時也環繞著行星，只不過行星的質量遠比母恆星的質量小，以小搏大的結果，造成恆星環繞的動作相當不明顯。舉例來說，太陽因為木星的公轉，兩者也會以大約每秒10公尺的速度環繞著彼此的質心運轉。當恆星在做週期性環繞運動時，它的光譜會呈現週而復始的紅移和藍移現象，即都卜勒效應。而要觀測到如此微小的都卜勒光譜位移相當困難。梅爾和奎洛茲突破這項挑戰，發現飛馬座51（51 Pegasi）恆星的光譜有都卜勒效應的週期變化，知道有一顆木星質量的行星環繞著它（圖一）。

● 誰發現第一顆系外行星

　　在1990年代之前，除了梅爾和奎洛茲，還有其他團隊也運用相似的

圖二　梅爾在2018年劍橋大學的一場學術演講的投影片，講述早期尋找系外行星的歷史，許多團隊的光譜都卜勒位移的精度皆可達15 m/s。（作者提供）

方法尋找行星。加拿大的坎貝爾（Bruce Campbell）以及沃克（Gordon Walker），美國的馬爾斯（Geoffrey Marcy）和他的學生巴特勒（Paul Butler）兩組人馬都有實力比梅爾更早發現系外行星（圖二）。太陽系的木星公轉週期長達十二年，加拿大和美國的團隊都鎖定類似木星的系外行星，尋找公轉週期若干年的都卜勒位移。加拿大的團隊於1988年發現45光年外仙王座的恆星（Gamma Cephei）行星環繞的現象，但他們在1992年認為都卜勒位移是恆星自轉的結果，自我否決行星的可能性。雖然該團隊在2002年，以累積超過二十年的數據，平反曾經否定的結果，但卻已與第一發現的身分擦身而過。沃克教授是位平易近人的研究者，筆者有幸在2005年和他的團隊合作過，研究行星在母恆星表面所引起的磁風暴。

　　當加拿大團隊在1992年否決他們發現的同時，波蘭的天文學家沃爾茲森（Alexander Wolszczan）與他的同事，偵測到中子星PSR B1257+12的無線電波脈衝的週期發生異象，進而發現此中子星擁有兩顆

超級地球。毫無疑問是有史以來第一次系外行星的發現。可惜來自中子星高能量的粒子和輻射會摧毀其生命的發展，終究人們還是高度冀望能找到環繞類似太陽恆星的行星。

◉ 起因於意外的發現

加拿大和美國團隊相繼尋找系外行星並無所獲，畢竟軌道週期太長，短時間的觀測難有確定的結果。這使得梅爾和奎洛茲感到尋找系外行星的困難，於是他們決定改變研究的策略，尋找環繞恆星的棕矮星。

棕矮星的質量是介於恆星和木星型行星之間的天體，所以引起的母恆星的都卜勒位移更為明顯。當時沒有理論預測棕矮星和恆星的公轉週期，所以梅爾和奎洛茲嘗試著尋找短週期公轉的棕矮星。結果他們發現約50光年之外在飛馬座方向，一顆編號為51且類似太陽的恆星，呈現週期僅4.23天的光譜位移。但這並不是顆棕矮星，而是一顆最低質量約為一半木星質量的行星，它和母恆星之間的距離大約是木星和太陽距離的百分之一。出乎意料之外的結果，之前沒有人認為木星型的行星會以幾天的時間環繞母恆星一次！

美國的馬爾斯團隊很快在一週內確認這顆名為飛馬座51b的存在。在後續的幾年，馬爾斯和梅爾團隊互相競爭，分別找到許多類似的系外行星。這類行星因為離母恆星太近，表面溫度超過攝氏1000度，有別於太陽系寒冷的木星，稱之為熱木星（Hot Jupiters）。

而國際天文聯合會（International Astronomical Union, IAU）在2015年所舉辦的幫系外行星取名的活動中，飛馬座51b被大眾投票取名為Dimidium，該字彙在拉丁文為「一半」，是取其質量僅木星一半之意。

● 系外行星其實普遍存在

　　梅爾和奎洛茲的團隊在2003年改進都卜勒位移的技術，將整套光譜儀放入一個低溫的真空箱裡，大幅度減低熱雜訊，都卜勒精準度達到每秒一公尺（圖二），隨後並發現許多小質量的系外行星。包括環繞紅矮星葛利斯581（Gliese 581）的數顆超級地球。紅矮星是質量較小的太陽，很容易受到行星的擾動。天文學家也利用該光譜儀，發現連離太陽系最近的恆星系統，也就是4光年外的比鄰星（Proxima Centauri），都有一顆類似地球的系外行星。因此證實地球其實並不孤獨，梅爾團隊發現平均每兩顆類似太陽的恆星，就擁有一顆行星。

　　如果系外行星的軌道與人的視線平行，行星會週而復始地擋著母恆星的光，就有行星凌星的現象。梅爾在2000年與美國夏邦諾（David Charbonneau）等人合作發現第一顆行星凌星的恆星。此結果幫助美國的太空科學家博魯基（William Borucki）大忙，他過去曾被NASA拒絕多次的克卜勒太空望遠鏡凌星提案終於被接受。之後克卜勒太空望遠鏡發現將近兩千多顆已確認的系外行星，大多數是軌道很小的超級地球，與太陽系的行星系統截然不同。奎洛茲本身參與若干凌星的計劃，最富盛名的是他和他的前比利時籍學生吉倫（Michael Gillon）的團隊，發現在40光年之外環繞超冷紅矮星Trappist-1的七顆地球大小的行星，其中某些行星可能溫度適中，有機會提供生命存在的海洋環境。

● 繼續追尋宇宙的未知行星

　　科學家多年來的觀測證實系外行星的存在，梅爾與奎洛茲及其他團隊的努力，向世人展示原來地球不孤單。本次的諾貝爾獎的殊榮頒發給

此項傑出的研究實至名歸，期待後續天文學家能為人們帶來宇宙發展的更多驚奇。

辜品高：德州大學奧斯汀分校物理博士

時空的奇異旅程

文｜卜宏毅

德國物理學家史瓦西根據相對論找出了史瓦西解（Schwarzschild metric），
開啟了人類對於黑洞的想像與研究。
潘洛斯則以時空拓撲的方式，分析黑洞的組成與特性，
為後來研究黑洞的物理學家提供一盞指引明燈，
而贏得2020年諾貝爾物理獎的一半獎項。

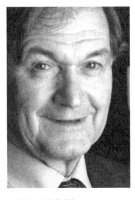

羅傑・潘洛斯
Roger Penrose
英國
牛津大學
（Festival della Scienza, CC BY-SA 2.0,
Wikimedia Commons）

賴因哈德・根策
Reinhard Genzel
德國
馬克斯・普朗克研究所
（MPE）

安德烈婭・吉茲
Andrea Ghez
美國
加州大學洛杉磯分校
（Elena Zhukova / University of
California）

2020年諾貝爾物理獎的一半獎項，由英國數學物理學家潘洛斯獲得，他自1960年代開始為廣義相對論、宇宙論及黑洞等研究屢屢提供卓越的貢獻。此外，還有許多概念也由他的名字命名，例如用來研究時空結構的潘洛斯圖（Penrose diagram），以及抽取黑洞旋轉動能過程的潘洛斯過程（Penrose process）等。而本次潘洛斯獲獎的主要原因為「黑洞是廣義相對論的直接結果」，其中包括在重力塌縮到某個程度時，必然會形成時空奇異點（singularity），也因此造成了黑洞。時空奇異點是時空曲率無限大的一個時空結構，卻也是在廣義相對論架構下是無法進一步解釋的可能時空特徵。潘洛斯是怎麼得到這樣的結論呢？讓我們看看這精彩的歷史發展。

◎ 史瓦西解是偶然嗎？

時間回到1915年，愛因斯坦提出廣義相對論描述重力為彎曲時空的效應，以及彎曲時空與「場源」關係所對應的「場方程式」（Einstein field equations）。在該理論提出的數個月後，德國數學家史瓦西便找出第一個場方程式的解：史瓦西解。史瓦西解是一個球對稱的時空解，時空中所有的質量都聚集在半徑為0的地方。儘管時空其他地方都是真空狀態，在其圓周長能符合（G為萬有引力場數；M為天體質量；c為光速）的球面形成了一個「有去無回」的時空邊界，稱為事件視界（event horizon），一旦進入這個的邊界，就再也無法回到邊界外部了。

最初人們對於史瓦西的想法爭論不休，直到1939年，理論物理學家歐本海默（J. Robert Oppenheimer）與他的學生史奈德（Hartland Snyder）計算一個球對稱天體的重力塌縮結果，果真得到了如史瓦西解描述的時空結構。然而，這是否意味著大自然真的允許形成一個密度無

限大的奇異點？包括愛因斯坦在內的反對方開始懷疑，此結果是否只因為計算中考慮了球對稱的完美假設呢？

● 利用囚陷曲面解釋黑洞奇異點的形成

　　直到 1960 年代，宇宙給了人們黑洞存在的暗示：天文觀測發現了存在於宇宙早期的天體，卻也因此需要一個能有效產生能量的機制。廣義相對論的重要開拓者惠勒（John Wheeler）等人開始重新思考黑洞存在的可能性：如果黑洞真的存在，那麼黑洞附近的物質會緩慢且穩定地掉入黑洞，而此過程中所釋放的龐大能量將是極為自然的解釋。於是惠勒和潘洛斯討論這個問題，使潘洛斯捨棄了球對稱的假設，改用時空拓墣概念來探討重力塌縮時所產生的奇異點，並在 1965 年發表論文。之後他也與霍金（Stephen Hawking）合作討論了在宇宙生成時也必然存在一個奇異點。

　　潘洛斯利用囚陷曲面（trapped surface）探討時空的演化，以解決奇異點的形成問題。他發現一旦重力塌縮過程中產生囚陷曲面，奇異點就會不可避免地產生。

　　囚陷曲面是一個二維的曲面，例如一個包圍著坍縮中天體的球面，我們以圖一 A、B 兩點所在的一維下方圓圈來類比囚限曲面的概念。如圖一上，假如下方圓圈上的每一點都朝著半徑向外的方向射出一道光（如 $\overrightarrow{AC}$），這些光線所形成的 C、D 兩點所在的上方大圓，會比下方的圓來得大；類似的概念，若下方的圓圈上的每一點都朝著半徑往內的方向射出一道光（如 $\overrightarrow{AE}$），該圓則會比下方圓圈較小。在 A 點與 B 點，向內與向外的光所包圍著的（△CAE）稱為光錐，其限制了速度不超過光速的物體能在時空中的運動範圍。

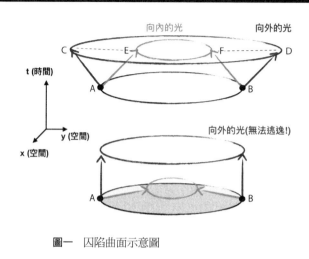

圖一　囚陷曲面示意圖

　　本圖是利用光線探討時空結構。上方大圓與上方小圓分別是由下方圓圈上的每點都沿著徑向往外及往內射出的光線所組成，如A點與B點出發的 $\overrightarrow{AC}$ 與 $\overrightarrow{AE}$ 所示。上方的時空圖中，下方圓圈內沒有包圍住足夠的物質，上方大圓比下方圓圈大，上方小圓則比下方圓圈小。但有沒有可能上方大圓不大於下方圓圈呢？當光線行進因為受到下方圓圈包圍住的物質（用圓圈中塗滿的灰色表示）影響時是有可能的，下方的時空圖就是一個範例。當原（△CAE）因重力導致的時空彎曲而足夠傾斜時，即使是向外發射的光也無法逃逸，這就是囚陷曲面產生的條件。潘洛斯發現，一旦重力塌縮過程中產生囚陷曲面，就會產生奇異點與黑洞。（作者繪製）

　　而圖一下方顯示了光線的行進方向受到圓圈內足夠大的重力「吸引」，使朝向外發射的光造成上方大圓不一定比下方圓要大，導致A、B兩點所構成的光錐範圍傾斜，即使是向外發射的光線也無法逃逸。如果

將類似概念延伸到二維曲面，就能定義出囚陷曲面。藉由這項數學工具，潘洛斯證明了只要坍縮的物質具有正能量密度，則塌縮物質的最終命運只能朝內運動並形成奇異點。讀者可參考2020年諾貝爾獎官方網站公布的黑洞理論基礎：https://reurl.cc/odq9Dg。

　　利用囚陷曲面的概念只涉及局部時空，因而還有許多有趣的運用，例如我們可以用最「外部」的囚陷曲面定義出表觀視界（apparent horizon）。表觀視界能讓我們用數值相對論方法來模擬黑洞碰撞或形成的動態時空演化中，在尚不知時空未來發展的形況下判斷時空的特性。

　　潘洛斯的研究給了探索黑洞的學者一盞明燈，雖然我們還在摸索關於奇異點的本質，但或許加入量子理論後，能在不久的未來帶領我們在這趟奇異旅程走得更遠！

卜宏毅：清華大學物理所博士

發現銀河系中心的大質量緻密天體

文｜淺田圭一、松下聰樹
譯｜黃珞文

2020年諾貝爾物理學獎
將另一半獎項頒發給德國天文物理學家根策及美國物理學家吉茲。
由兩人分別率領的天文團隊都發現了銀河系中心的大質量緻密天體，
找到了銀河系中心黑洞存在的證據。

　　2020年，德國天文物理學家根策與美國物理學家吉茲共獲諾貝爾物理獎，獲獎原因為「發現銀河系中心的大質量緻密天體」。

　　說起黑洞，其實早在1915年愛因斯坦提出廣義相對論的場方程後不久，德國物理學家史瓦西（Karl Schwarzschild）就已用數學方程式對其進行描述。然而在接下來的半個世紀，天文學界對於黑洞的關注卻僅限於數學和理論上的推導。直到1963年，荷蘭天文學家施密特（Maarten Schmidt）於類星體3C 273上，發現氫原子的巴耳末系光譜出現了強烈的紅移現象，因此認為3C 273並非恆星，而是某遙遠星系之中的一個活躍星系核（active galactic nucleus），這也終於讓天文學界開始思考：到底是什麼原因能讓某個非常小的區域變得非常明亮？而此現象的其中一個解釋為，當物質吸積在類星體中心的黑洞上所釋放的重力位能（gravitational energy）。至此，天文學界開始認真尋找星系中心存在著黑洞的證據。

● 從天體運行的軌道尋找蛛絲馬跡

　　計算天體的運行軌道是天文學研究中一項既悠久又基本的方法之一。從太陽到行星等天體的質量都能用這種方法計算出來，而2020年獲得諾貝爾物理獎的根策與吉茲也正是採用此方法。在1990年前後，根策與吉茲帶領各自的團隊計算天體運行的軌道，透過了解恆星的運動，以期進一步探究銀河系中心的超大質量黑洞。在包括智利的新技術望遠鏡（New Technology Telescope, NTT）、超大望遠鏡（Very Large Telescope, VLT）及夏威夷的凱克天文台（W. M. Keck Observatory）的幫助下，兩團隊各自努力並取得了高準確度的軌道測量結果。

　　由於地球與銀河系中心之間，有很多會吸收可見光的塵埃阻隔，因此我們難以在地球上直接以可見光望遠鏡觀測銀河系中心。這個問題可用紅外線望遠鏡解決。不過，透過紅外線望遠鏡雖能觀測位於銀河系中心附近的恆星，但有個會造成星星「一閃一閃亮晶晶」的東西卻仍讓觀測困難重重，那就是：地球大氣。

　　星光一閃一閃的原因來自於大氣的擾動。即使在海拔4000至5000公尺的觀測點，都難逃星光閃爍所帶來的阻礙。由於閃爍的星光會導致觀測圖像中的恆星位置產生波動，使圖像變模糊，解析度無法提高。起初，根策和吉茲的團隊都試圖利用高靈敏度的感測器和極短的曝光，迴避大氣擾動效應的問題。運用這些方式一方面是因為曝光時間短，相對能順利拍到亮星；另一方面，一系列的短曝光還需要把恆星的圖案對齊並層層疊加，以獲得更清晰的圖像，但這些做法仍受限於望遠鏡的繞射極限（diffraction limit）。

　　所幸他們應用開發出了一種新技術來解決大氣擾動的問題，那就是

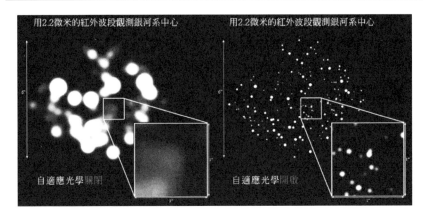

圖一 自適應光學技術的的效果

圖為凱克天文台所拍攝的銀河系中心照片。當沒有使用自適應光學技術時，照片中的天體會因為大氣擾動而造成影像模糊（左）；而在利用自適應光學技術後，拍攝的天文影像變得十分清晰，明顯移除了大氣閃爍效應並獲得較銳利的圖像，與太空中的天文望遠鏡所拍攝的圖片效果相近（右）。

（These images/animations were created by Prof. Andrea Ghez and her research team at UCLA and are from data sets obtained with the W. M. Keck Telescopes.）

自適應光學（adaptive optics）。最終，在對這些恆星持續觀測多年後，兩個獨立團隊各自畫出了許多恆星在圍繞著一個巨大緻密天體運動的軌跡圖。

● 什麼是自適應光學？

自適應光學技術是一種用來解決受大氣擾動而影響觀測影像的工具。此方法是先觀測距離目標較近的亮星，或是以雷射光打出人造星點，計算觀測時的大氣條件。在獲得大氣資料後，藉由電腦的輔助讓觀測的鏡

面變形,以抵銷大氣擾動帶來的影響。利用自適應光學技術,在地面上獲取的圖像與部署在太空的天文望遠鏡的拍攝效果類似。圖一為凱克天文台所拍攝的銀河系中心影像,可比較有無使用自適應光學技術的差異。當使用自適應光學後,我們能在不受大氣干擾的條件下拍攝黯淡天體的細微特徵,且能透過光譜學測量到恆星的三維運動。

○ 追蹤恆星的軌道運動

有了自適應光學技術後,根策與吉茲的團隊開始耐心追蹤銀河系中心的恆星運行軌道。有趣的是,其中一顆編號為S2的恆星與銀河系中心

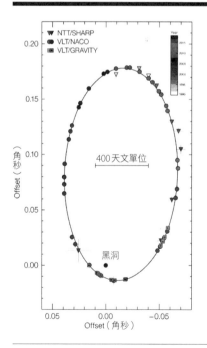

圖二 S2恆星的軌道運動
由NTT與VLT等望遠鏡觀測S2的運行軌道。天文學家早在1990年代初期開始追蹤S2的軌道,而目前S2已完成了一次半的軌道週期運動。本圖是根策團隊的觀測結果,這些軌道參數與吉茲的團隊地觀測結果一致且相互印證。(ESO/MPE/GRAVITY Collaboration)

最短相距僅17光時（light hour），繞行銀河系中心的公轉軌道為長橢圓形，離心率為0.88，這代表S2的軌道週期很短，約十六年就可繞完一周，公轉速度達到每秒5000公里（用這個速度從臺北飛到夏威夷只需不到1秒）。更重要的是，利用新技術望遠鏡、超大望遠鏡及凱克天文台等三座望遠鏡所獲得的兩個測量結果都非常一致（圖二）。

由NTT與VLT等望遠鏡觀測S2的運行軌道。天文學家早在1990年代初期開始追蹤S2的軌道，而目前S2已完成了一次半的次軌道週期運動。本圖是根策團隊的觀測結果，這些軌道參數與吉茲的團隊地觀測結果一致且相互印證。（ESO/MPE/GRAVITY Collaboration）

在獲得這些軌道資料後，兩團隊估計在距離銀河系中心125天文單位（AU，約為太陽和地球間的平均距離）的範圍內，有一個質量約為太陽400萬倍的大黑洞。由於125 AU在天文上算是很小的範圍，而這麼大的質量能塞進那麼小的空間之中，唯一合理的解釋就是在銀河系中心的緻密物體是一顆超大質量黑洞！此發現也成為了他們獲得本次諾貝爾物理獎的原因。

◎ 持續觀測銀河系中心的黑洞

目前，天文學家對銀河系中心的追蹤觀測仍持續進行，藉由VLTI干涉陣列（Very Large Telescope Interferometer）能達到毫角秒等級的強大解析能力，對於這顆位於銀河系中心的黑洞質量估計也更為精準，目前的估計約為4.11±0.03萬的太陽質量。

事件視界望遠鏡（Event Horizon Telescope, EHT）已於2019年拍攝到M87黑洞，成就了史上首張黑洞影像的壯舉。該望遠鏡將世界各地電波望遠鏡以干涉技術結合，形成口徑大如地球的虛擬式望遠鏡，解析

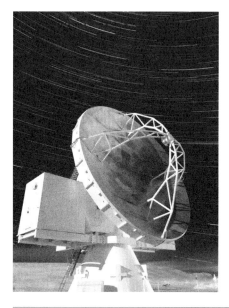

圖三 由中研院天文及天文物理研究所
主導的格陵蘭望遠鏡。
（圖像版權：陳明堂研究員／
中研院天文所）

力非常高。這張影像也成為了宇宙中有黑洞存在的最有力證據，我們相
信它對今年諾貝爾物理獎評選有推波助瀾的效果。

此外，事件視界望遠鏡也在 2017 年時觀測了銀河系中心，目前中研
院天文所的黑洞團隊正努力重建這張黑洞影像。事實上，這顆位於銀河
系中心的黑洞所發出的偵測訊號瞬息變化，再加上銀河系中心與地球中
間的星際塵埃所造成的擾動，都是重建該張黑洞影像亟待克服的難題。

由中研院天文及天文物理研究所主導的格陵蘭望遠鏡（Greenland
Telescope，圖三）在 2018 年已成為事件視界望遠鏡的成員之一，未來預
計還會加入另外兩個由法國及美國所主導的望遠鏡團隊，期待未來將獲
得 M87 黑洞陰影更清晰的圖像，並拍到靠近噴流發射區的圖像。

尋找超大質量緻密天體的競賽

在星系中心發現超大質量緻密天體是許多科學家一直追尋的目標，而每個團隊都希望能拔得頭籌。

1994年由美國天文學家福特（Holland Ford）及哈姆斯（Richard Harms）分別主導的團隊，利用哈伯太空望遠鏡的觀測結果發表了「在M87星系中心區域周圍存在一個轉動氣體盤」的論文，並估算出該天體為質量約太陽30億倍的極緻密物體。儘管天文學界將其視為是M87星系中央存在超大質量黑洞的證據，但當時觀測結果並不能排除此發現可能只是一個稠密星團。

而在1995年，由日本天文學家三好真（Makoto Miyoshi）所率領的天文觀測團隊在觀測NGC4258星系時，找到了一個緻密天體中心的密度明顯高於恆星團的證據，這也是該星系中心存在超大質量黑洞的證據。他們在日本野邊山電波天文台（Nobeyama Radio Observatory）發現NGC4258星系中明亮的水邁射（water maser）訊號，也就是由水氣受激發後產生的微波輻射所形成的盤狀構造。該盤狀結構的旋轉速度能達到每秒1000公里，在當時寫下了發現緻密天體密度最高的紀錄。

淺田圭一：日本綜合研究大學院大學天文博士
松下聰樹：日本綜合研究大學院大學天文博士

建立地球氣候模型——
可靠預測全球暖化

文｜陳正達

諾貝爾物理獎2021年首度頒給兩位氣候學家，
表彰他們在建立地球氣候的物理模式，可靠預測全球暖化上所做的貢獻。

克勞斯‧哈斯曼
Klaus Hasselmann
德國
漢堡大學
（The credit is © Julia Knop /
Max-Planck-Gesellschaft）

真鍋淑郎
Syukuro Manabe
日本
普林斯頓大學
（Photos by Princeton University,
Office of Communications, Denise
Applewhite [2021]）

喬治‧帕瑞希
Giorgio Parisi
義大利
羅馬大學
（Sapienza Università di Roma）

諾貝爾物理學獎在2021年首度頒給了兩位氣候科學家：長期在美國大氣海洋總署（National Oceanic and Atmospheric Administration, NOAA）地球物理流體力學實驗室（Geophysical Fluid Dynamics Laboratory, GFDL），與普林斯頓大學大氣與海洋科學研究所工作的真鍋淑郎，以及德國馬克斯·普朗克氣象研究所（Max Planck Institute for Meteorology）的創所所長哈斯曼，表彰他們在建立地球氣候的物理模式，並能以其量化氣候系統變動，且可靠地預測全球暖化方面所做的貢獻。

○ 早期的氣候變遷研究

關於氣候變遷相關的科學發展，最早可回溯到19世紀初期的法國數學家傅立葉（Jean-Baptiste Joseph Fourier）提出地球大氣可能使地球溫度增暖的推論。到了19世紀中期，愛爾蘭物理學家丁達爾（John Tyndall）運用紅外線感測儀器，指出能吸收紅外線波段輻射的，並不是大氣中的主要成分氮氣、氧氣，而是水氣、二氧化碳、甲烷等含量較少的氣體。

根據這些理論基礎，到了19世紀末期，興趣廣泛的瑞典化學家，同時也是1903年諾貝爾化學獎得主的阿瑞尼士（Svante August Arrhenius），開啟了科學家對於大氣中二氧化碳含量變動對地球氣候可能影響的量化估計。他只用簡單的方程式與氣候模型，以紙筆計算大氣與地表的能量收支平衡，受二氧化碳含量增減的變化，得出地球各地隨緯度、季節的溫度改變，而且他當時亦考慮了水氣與冰雪，在溫度變化下可能產生的反饋效應。

雖然當時阿瑞尼士高估了二氧化碳吸收紅外線輻射的能力，也無法考慮大氣環流的變化，導致他算出的全球溫度，比現在聯合國跨政府氣

候變遷專門委員會（IPCC）評估報告中的推估值更高。不過，他寫這篇論文的本意並非探討工業革命使用化石燃料的可能影響，[1]而是希望用二氧化碳含量變動解釋冰河期與間冰期的轉變。事實上，一直要等到數十年後，英國發明家卡倫達（Guy Stewart Callendar）所發表的論文，才開始強調工業革命後使用化石燃料對大氣中二氧化碳含量的可能影響，但是當時的估計還是使用非常簡單的理論模式計算，也沒料想到後來二氧化碳含量增加的速度那麼快。

◉ 氣象預報的開端

另一方面氣象學發展，從北歐卑爾根學派的（Bergen school）[2]的挪威氣候科學家皮耶克尼斯（Vilhelm Bjerknes）以理論的方法，根據流體力學與熱力學的基本定律與數學方程式，描述並分析研究大氣運動的特性與變化。雖然早期受到觀測資料與計算能力的限制，但是卑爾根學派還是可以透過天氣圖的製作與分析，理想化氣旋發展模型，提供天氣系統變動的有用預報資訊。

英國氣候科學家理察森（Lewis Fry Richardson），在1922年發表《通過數理過程預測天氣》（*Weather Prediction by Numerical Processes*）一書中，已經開始想像如何通過數量眾多的計算員與指揮聯絡系統，即時求出描述天氣系統的微分方程在地球上每個網格點上，數值解隨時間的變化，

1　當時多數地質科學家認為，人類活動對二氧化碳含量的影響有限，可以被自然的沉積地質過程去除。
2　由挪威氣象學家皮耶克尼斯開啟的卑爾根學派，建立了現代天氣預報的基礎，成功地運用物理定律，加上大量觀測資料收集與天氣圖的分析、診斷，以科學方式進行天氣預報。

並用其預報未來的天氣。不過這個過於早熟的狂想，一直要等到1950年代，以真空管為主要元件的第一部電腦誕生後，才開始被認真的對待。

當時在普林斯頓高等研究院主持建構這部電腦的馮紐曼（John von Neumann），在快速計算的應用方向選了四個領域，其中之一便是由美國氣候科學家查爾尼（Jule Gregory Charney）主持的天氣預報計畫，運用簡化的方程式系統並避免造成運算不穩定的條件，不再重蹈理察森的失敗經驗。而查爾尼所帶領的其中一位團隊成員，就是後來擔任GFDL的首位主任斯馬格林斯基（Joseph Smagorinsky），基於普林斯頓高等研究院的成功數值天氣預報嘗試，斯馬格林斯基開始他在美國氣象局的數值天氣預報與模式發展工作，並領導新成立的大氣環流研究部門，完成了以原始方程式建構的三維全球大氣環流模式。

◉ 真鍋淑郎的地球氣候模式

就在GFDL實驗室創立的初期，剛從日本東京大學畢業的真鍋淑郎受到斯馬格林斯基邀請，也加入了研究團隊。當時由於麻省理工學院教授菲利浦斯（Norman A. Phillips）已經發表了以數值模式，成功模擬長期大氣環流與氣候特徵的工作，因此GFDL的團隊希望除了支持數值天氣預報工作發展之外，也能夠進行長期氣候模擬。

由於原本的三維全球大氣環流模式，著重在乾空氣的動力核心計算架構，必須加入其他許多物理過程，而真鍋淑郎對早期大氣環流模式發展最主要的工作與貢獻，便是以濕對流（moist convection）簡化與處理三維全球大氣環流模式無法解析的對流過程，以及設計出處理陸地模式土壤濕度的水桶模型。

在1960年代，當多數的大氣環流模式發展仍著重在當時蓬勃發展的

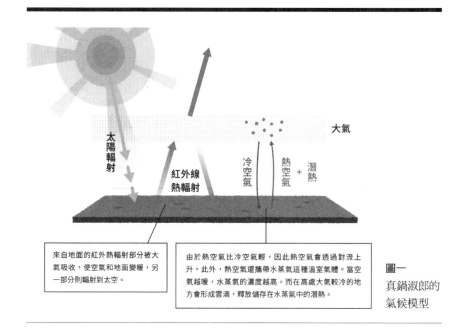

太陽輻射

紅外線
熱輻射

冷空氣

熱空氣 + 潛熱

大氣

來自地面的紅外熱輻射部分被大氣吸收，使空氣和地面變暖，另一部分則輻射到太空。

由於熱空氣比冷空氣輕，因此熱空氣會透過對流上升。此外，熱空氣還攜帶水蒸氣這種溫室氣體。當空氣越暖，水蒸氣的濃度越高。而在高處大氣較冷的地方會形成雲滴，釋放儲存在水蒸氣中的潛熱。

圖一
真鍋淑郎的
氣候模型

數值大氣預報時，真鍋淑郎是將大氣環流模式研究地球氣候的先行者。他承接從19世紀以來，以定量估計二氧化碳含量增加對全球增暖幅度的問題，佐以美國科學家基林（Charles David Keeling）在夏威夷對大氣中二氧化碳含量的監測所確認的上升趨勢，模擬當二氧化碳含量加倍或減半時，地球大氣溫度結構的變化。此模式模擬了二氧化碳加倍時的地表與對流層增暖、平流層變冷，成為氣候變遷溫度變化結構上最重要的特徵（圖一、圖二）。

　　在此研究基礎上，真鍋淑郎持續強化研究工具，建立更完整的三維全球大氣環流模式。接著更進一步加入海洋環流，取代原本的簡單海洋混合層，建構大氣海洋耦合模式，進行氣候系統模擬與氣候變遷推估，

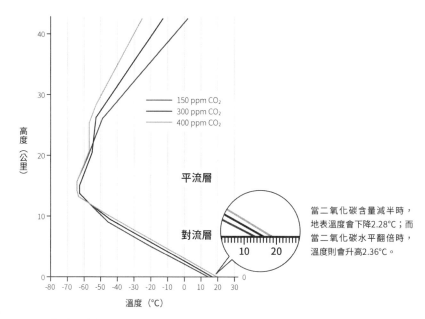

圖二 二氧化碳加熱大氣

二氧化碳濃度增加導致低層大氣溫度升高，而高層大氣則變得更冷。真鍋淑郎發現，若大氣溫度升高是由太陽輻射增加而引起，整個大氣都會變暖；事實證明觀測的溫度變化結構，的確與二氧化碳濃度增加相符。

為後來全球氣候模式的發展與研究應用建立了重要的基石。

◉ 哈斯曼的最佳指紋辨識法

真鍋淑郎在複雜的地球氣候系統中，找到外部擾動的影響，但是對於大氣這樣混沌複雜的非線性動力系統，其中隨機變數所產生的快速天氣擾動，是否對於長期的氣候系統自然變動也有所影響？哈斯曼在1970

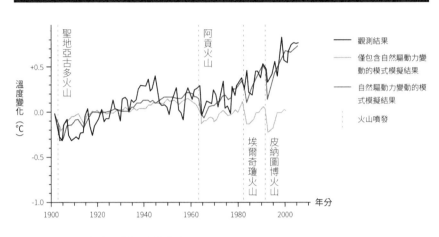

圖三　哈斯曼提出的最佳指紋辨識法

年代，運用簡單的統計氣候模式發現，當他以混亂隨機、快速變化的天氣擾動驅動模式時，反而使模式的氣候產生出緩慢的自然變動，打破了傳統認定氣候系統的長期變動，必須以特定外來驅動力的概念。其實美國氣候科學家米歇爾（J. Murray Mitchell Jr.）比哈斯曼早十年就在一篇會議論文中提出相似的概念，但直到哈斯曼與學生們提出了一系列相關論文，才讓這個議題在大氣科學界受到矚目與重視。

　　海洋科學家出身的哈斯曼，早期的研究領域是紊流（turbulence）與海洋波動，他對氣候科學的關注，主要是關於氣候系統內部自然變動的機制。以流體為主的地球大氣與海洋，都是屬於複雜的非線性動力系統（nonlinear dynamic systems），系統內部有著不同時間尺度的自然變動，而要在充滿雜訊的內部自然變動中，有效找出受到人為影響的外部驅動力所造成的氣候變遷訊號十分困難。對此，哈斯曼提出了「最佳指紋辨

識法」（optimal fingerprint method），運用長期觀測與模擬氣候變動資料的時空結構特徵，探討如何將訊噪比最佳化，進而有利於偵測出特定氣候驅動力所造成的變化。由於氣候科學家往往必須回答關於過去所觀測的氣候變化，究竟是不是人為活動所造成，或只是自然變動，因此哈斯曼所提出的方法，也讓我們可以進一步確認地球氣候變遷與外部驅動力的因果關係（圖三）。

◎ 世界更加重視氣候變遷議題

IPCC 2021年公布由第一工作小組撰寫的第六次氣候變遷評估報告（AR6），說明氣候科學與氣候變遷研究的最新成果。同時在11月初召開的第二十六屆聯合國氣候變化大會（2021 United Nations Climate Change Conference, COP26），各國代表在會中討論自2015年《巴黎協定》（Paris Agreement）簽署之後，迄今的氣候變化與各國的應對方案、承諾、行動，特別是如何實現減排溫室氣體目標，防止全球升溫超過協議的目標。

2021年諾貝爾物理學獎頒給氣候科學家，似乎呼應了目前全球對氣候變遷研究與未來氣候推估議題的重視。不過就如同真鍋淑郎在得獎後受訪表示，了解氣候變遷的科學並不容易，如何讓政策決策者與社會，在面對氣候變遷可能對生活與環境產生重大影響前，採取具體可行的調適措施，訂定能實質降低極端天氣與氣候災害風險的溫室氣體減量作法卻更加困難。即便如此，為了下一代的未來，對抗全球暖化與氣候變遷是我們這一代無法避免的責任。

陳正達：臺灣師範大學地球科學系

盤根錯節的疆域——
崇山峻嶺與深淵幽谷交織的複雜系統

文│陳宣毅

義大利物理學家帕瑞希多年來利用場論的方法及電腦模擬，
研究複雜系統的統計物理。他的研究對許多複雜系統有重大貢獻，
甚至也影響了計算科學、生命科學、人工智慧等領域，
因而獲頒2021年諾貝爾物理獎另外二分之一的獎項。

帕瑞希生於1948年，並於1970年在羅馬大學（Sapienza University of Rome）取得物理博士學位。他的研究早期以高能物理理論（high energy physics theory）為主，後來逐漸轉向利用場論（field theory）的方法與電腦模擬研究複雜系統的統計物理。自1970年代末期起，帕瑞希的一系列研究讓人們理解到自旋玻璃（spin glass）、最佳化問題（optimization problem）、生物演化、神經網路等許多系統背後有著共通的理論結構。這個突破對計算科學、生命科學，以及人工智慧等領域的發展有深遠的影響。因此帕瑞希獲頒2021年諾貝爾物理學獎的二分之一。

● 充滿挫折的複雜系統

在社會實務中，時常有立意良善的想法，卻因為不同團體有不同觀點，最後不管如何折衷協調，解決方案仍無法讓每個人滿意。這種相互

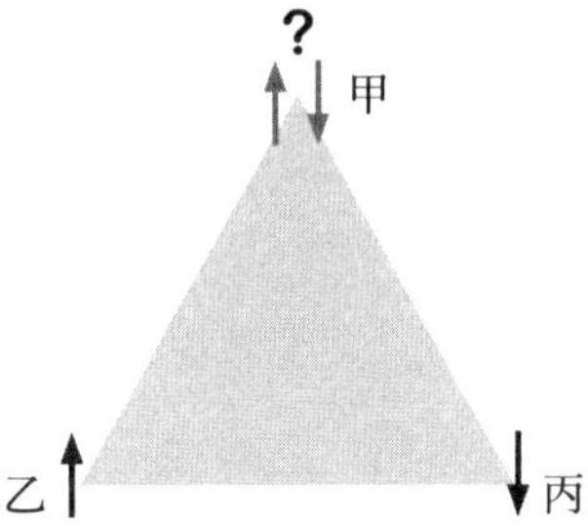

圖一　挫折示意圖。這個三角形中，左下與右下代表
喜惡相反（以箭頭方向表示）的乙與丙，頂端的甲無
法同時與乙和丙作相同選擇。

衝突的社會網路，可以很生動的用「挫折」（frustration）一詞來描述。舉例來說，甲分別與乙、丙是好友，但乙與丙因故成為仇人，最後甲發現他要不是得選邊站，就得要同時疏遠乙丙（圖一），這就是一個很經典的挫折狀況。

　　帕瑞希與合作者在合撰的書裡，提到了一個有趣的模型來說明「挫折」造成的影響：如果一個一萬人的群體裡，成員之間互相交好與交惡的機率各半，仔細分析後會發現，若要將這一萬人分成兩隊、每隊五千人，並盡量讓互相交好的人們分在同一隊，則在利用電腦模擬的最佳分隊方法下，每個人的隊友裡平均還是有二千四百六十二人與自己交惡，這只比隨機分隊（平均每個人會有二千五百個交惡的隊友）好一點點。

　　事實上，許多複雜系統都具有這樣的特性，使得尋求最佳解決方案變成具高度挑戰的問題。而帕瑞希引領的研究，讓我們對於這類型複雜系統的特性有了全新的理解。

○ 複雜系統的開端：自旋玻璃

　　這個複雜系統革命的開頭，是看似毫不相干的含雜質系統磁性問題。

在1950～1960年間，一系列的物理實驗發現，帶有磁性雜質的固體在低溫中，磁偶極（magnetic dipole）強度隨著外加磁場的改變率，會出現不尋常的行為：該固體並不會變成磁鐵，而是變得類似流動緩慢，無法達到熱平衡的玻璃態，這個狀態便被稱做自旋玻璃。

　　探討自旋玻璃的物理理論，需要同時處理兩種隨機現象。其中由熱引發的運動是隨機且隨時間變化的；而雜質的分布雖然也是隨機，卻不隨時間變化，也就是固體內的雜質在實驗過程中不會移動。1970年代中期，美國物理學家，同時也是1977年諾貝爾物理學獎得主的安德森（Philip Anderson），與後來擔任卡文迪西講座（Cavendish Professor）的威爾斯物理學家愛德華斯（Sam Edwards），提出了特殊的理論方法來同時處理這兩種隨機現象：將系統複製若干份放在一起，先對雜質分布做平均，再對熱運動做平均。同時他們也指出，將兩個複製系統 A 與 B 相對應晶格上的磁矩相乘後做平均，得到的結果「q_{AB}」在高溫時為零，但在自旋玻璃態下由於雜質影響則不為零。

　　而在个久之後，愛德華斯的學生謝靈頓（David Sherrington）與 IBM 的電腦科學家柯克帕特里克（Scott Kirkpatrick），提出了可使用此方法計算的模型。他們假設每個磁矩與其他所有磁矩都相鄰，且所有的 q_{AB} 大小都相同（所有的複製系統看起來都一樣，也被稱做複品對稱），計算的結果在高溫時 q_{AB} 為零，低溫時不為零。但不幸的是，這個解也預測了一些荒謬的結果，例如系統在絕對溫度零度下被允許的磁矩排列方式竟少於一種，這代表複製品理論遇到了困難。

　　所幸在不久後，英國物理學家，同時也是2016年諾貝爾物理獎得主的索利斯（David Thouless）發現複品對稱解不是穩定態，也許複品對稱破缺的解（並非所有的 q_{AB} 都一樣）可以解開自旋玻璃之謎。

接下來的解題大賽中，由一群在巴黎的年輕學者迎頭趕上。第一個成功得到複品對稱破缺自旋玻璃解的，正是來自羅馬的帕瑞希。帕瑞希先提出了求解的方法，後來又與法國物理學家麥薩（Marc Mezard）、阿根廷物理學家維拉索洛（Miguel Angel Virasoro）等人合作，從複品對稱破缺解出發，解釋了自旋玻璃態的特性。

◎ 盤根錯節的疆域

q_{AB} 在數學上是一個矩陣。帕瑞希等人發現，在自旋玻璃態時，這個矩陣是由許多沿著對角線排列，層層相套的矩陣構成，越接近對角線的 q_{AB} 越大（圖二左）。這表示系統在自旋玻璃態下，磁矩在空間中的分布受雜質影響有許多可能狀態，q_{AB} 的大小就是這些不同狀態相似的程度。

從 q_{AB} 矩陣，可以把所有可能的磁矩分布狀態，按照它們相似的程度畫出一幅樹狀圖。磁矩的分布狀態排列在樹根末稍，如果從一個狀態到

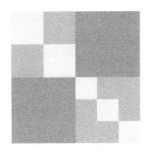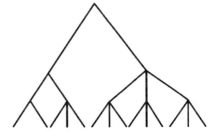

圖二　q_{AB} 形成的矩陣式意圖（左），顏色越淺的區域代表 q_{AB} 越大。右圖則為左圖畫出的自旋玻璃穩定態關係圖。最下層代表的是穩定態，從一個穩定態沿樹枝走到另一個穩定態中間經過的分叉點越多，代表這兩個穩定態之間的 q_{AB} 越小。

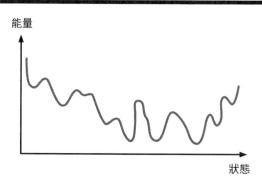

圖三　複雜系統中常出現的能量地形充滿了深谷與高山。

另一個狀態之間需要經過的連結點越少，則這兩個狀態就越相似（圖二右）。從樹狀圖分枝的情形，可以看出自旋玻璃可能的狀態之間有著複雜但有序的關係。

　　事實上，柯克帕特里克在此之前就在電腦模擬中發現，每次將謝靈頓－柯克帕特里克模型（Sherrington–Kirkpatrick model）降溫後，得到的磁矩分布都不相同，但系統的能量卻相差不大。當時他無法對此現象提出清楚的解釋，但當複品對稱破缺解的物理圖像出現後，電腦模擬的結果就變得容易理解了。想像一個由所有磁矩的分布聯集形成的抽象狀態空間，每一種磁矩分布對應於這空間中的一個點，其對應的系統能量是這個點的高度，則在自旋玻璃態下，這個空間裡有許多深谷，每個深谷代表一種可能的磁矩分布，深谷之間有高山分隔，使系統的磁矩分布無法藉著熱能的擾動而改變（圖三）。每一次將系統降溫，磁矩分布會落到一個不同的低能量深谷裡。最終系統的磁矩分布，是由降溫過程中系統在狀態空間中所處的區域屬於哪一個深谷的盆地決定。

◎ 最佳化問題、生物演化、神經網路：更多複雜系統

上述能量高山與深谷交錯的狀態空間，很快就被推廣到其他的複雜系統。其中一類是計算科學裡著名的最佳化問題。這類問題尋找充滿「挫折」命題的最佳解決方案。例如將一群彼此交好與交惡的人分成最沒有衝突的兩組，就可以對應到謝靈頓－柯克帕特里克模型裡的最低能量狀態。類似的問題還包括把一個密集交錯的線路，分離成兩個相等大小的部分，但要盡量減少必須切斷的線路數；還有在道路密集的地區，找出經過 N 個目的地的最短路徑等，這些問題都可與尋找自旋玻璃系統最低能量狀態做類比。於是自旋玻璃系統的理論與模擬技巧，為最佳化問題研究開闢出新的方向。

無論是從分子層次或物種層次來看，演化過程也充滿著「挫折」。不同的基因或物種同時共存並相互競爭與合作，這樣的交互作用很像自旋玻璃中相鄰磁矩的交互作用。若把基因或物種的適應能力當做指標，在基因體或生態系組成的空間中也充滿了高山與深谷。某些演化模型的確可以在適當數學轉換後，表示成與自旋玻璃相對應的形式。

另一個與自旋玻璃相關的系統是神經網路。在大腦中每個神經元都與至少數千個其他的神經元相聯結，這些聯結有些互相激發，有些互相抑制，也很像自旋玻璃系統。神經網路隨時間演化後可形成許多相對穩定的狀態，這些狀態可對應到學習產生的記憶。於是從 1980 年代起，神經網路的研究便受到自旋玻璃觀念影響。

◎ 新的複雜系統科學

自旋玻璃理論引領了複雜系統研究的快速進展。雖然仍有許多物理

系統,包括實驗室裡真實的自旋玻璃,以及更常見的一般玻璃,仍然存在著未解的謎團,但帕瑞希對科學的貢獻已經載入史冊。

　　近年複雜系統的研究,因為引入新的觀念與研究技術,得以擴展的到更真實的網路模型,更遠離平衡態的生物系統,以及能顯現無序漲落背後更深刻物理圖像的隨機熱力學。這些新議題的加入,豐富了複雜系統研究的面貌。不過那由許多穩定態深谷及其間阻隔的高山形成的狀態空間,早已成為這個領域研究者的共同語言。

延伸閱讀

1.　The official website of the Nobel Prize, https://www.nobelprize.org/.
2.　Marc Mezard, Giorgio Paris and Miguel Angel Virasoro, *Spin glass theory and beyond, World Scientific*, 1987.
3.　Philip W. Anderson, Spin glass, 7 articles in *Physics Today*, 1988~1989.

陳宣毅:中央大學物理系

21世紀諾貝爾物理獎
2001-2021

作　　　者	科學月刊社
副總編輯	成怡夏
責任編輯	成怡夏
行銷總監	蔡慧華
封面設計	白日設計
內頁排版	黃暐鵬

社　　　長	郭重興
發行人暨 出版總監	曾大福
出　　　版	遠足文化事業股份有限公司　鷹出版
發　　　行	遠足文化事業股份有限公司
	231新北市新店區民權路108-2號9樓
電　　　話	（02）2218-1417
傳　　　真	（02）2218-8057
客服專線	0800-221-029

法律顧問	華洋法律事務所　蘇文生律師
印　　　刷	成陽印刷股份有限公司
初版一刷	2022年5月

定　　　價	380元

國家圖書館出版品預行編目（CIP）資料

21世紀諾貝爾物理獎：2001-2021／科學月刊社作.
－初版.－新北市：遠足文化事業股份有限公司鷹出版：
遠足文化事業股份有限公司發行，2022.05
　　面；　公分
ISBN 978-626-95805-4-5（平裝）
1.CST: 物理學 2.CST: 諾貝爾獎 3.CST: 傳記
330.99　　　　　　　　　　　　111004760